PFERDEGESUNDHEIT
KOMPAKT



LINDA TELLINGTON-JONES

# Tellington TTouch® für Pferde

MIT KOSMOS MEHR ENTDECKEN
TTOUCHES UND ANWENDUNGEN VON A–Z
SEIT 1822

KOSMOS

# INHALT


4 Wie (be-)nutzen Sie dieses Buch?

15 Basis-Übungen

17 Kreisende TTouches

22 Hebende und streichende TTouches

26 Körperteil-TTouches

32 Tellington-Ausrüstung von A – Z

36 Verhaltensprobleme von A – Z

62 Gesundheitsprobleme und Notfälle von A – Z

69 Exemplarische TTouch Behandlungen von A – Z

76 Service

# WIE (BE)NUTZEN SIE DIESES BUCH?

Tellington TTouch Training® ist eine sanfte und respektvolle Trainingsmethode für die Ausbildung von Pferden, die aus drei Komponenten besteht. **Tellington TTouch**, bekannt als **TTouch** (gesprochen *Ti-Touch*), ist eine Form der Körperarbeit und umfasst vielfältige kreisförmige, hebende und gleitende Bewegungen, die mit den Händen ausgeführt werden. Mit TTouch bauen Sie eine vertrauensvolle Verbindung zu Ihrem Pferd auf.
In Verbindung mit sorgfältig ausgewählten **Führ- und Bodenübungen im Lernparcours** und der **Arbeit unter dem Sattel** erweitert und fördert Tellington TTouch Training in hervorragender Weise die Lernfähigkeit und Kooperationsbereitschaft des Pferdes, verbessert Gleichgewicht und Koordination bei Pferd und Reiter und vertieft die Bindung zwischen Mensch und Pferd.
In diesem Buch werden im ersten Teil die Grundlagen des Tellington TTouch Trainings und die Anwendung der Tellington TTouches vorgestellt. Im zweiten Teil werden die jeweiligen Ausführungen der TTouches sowie das Equipment in alphabetischer Reihenfolge beschrieben. In den weiteren Kapiteln sind Verhaltensprobleme, Krankheiten und Notfälle von A bis Z mit den dafür hilfreichen TTouches aufgeführt.

## Die 7 Säulen des Tellington TTouch Trainings

1. Auf der Grundlage von Kooperation und Mitgefühl verbessert Tellington TTouch Training das Lernvermögen, vermindert Stress und macht Training sowie die sportliche Leistung zum Vergnügen für Pferd und Reiter.
2. Tellington TTouch Training bringt das Pferd über den reflexhaften Kampf- oder Fluchtinstinkt hinaus und lehrt es zu denken – seine Furcht zu überwinden, sich sicher zu fühlen, willig mitzuarbeiten und zu vertrauen.
3. Pferde lernen leichter und schneller in der Gesellschaft eines oder mehrerer anderer Pferde oder wenn sie Pferde bei der Arbeit beobachten können. Trainieren Sie Ihr Pferd wenn irgend möglich nie allein. So ist das Pferd von Anfang an auf die „wirkliche Welt" vorbereitet, wenn im Gelände oder auf dem Turnierplatz auch andere Pferde um es herum geritten und gearbeitet werden.
4. Schmerz, Verspannung und Unbehagen, oft unentdeckt, schränken das Leistungsvermögen ein und führen zu Widersetzlichkeit und Verhaltensproblemen. Wenn ein Pferd sich widersetzt, ist dieses Verhalten unserer Meinung nach entweder auf Schmerz, Angst oder Frustration oder aber auf unfaire Behandlung oder unklare Kommunikation zurückzuführen.
5. Wenn es Ihnen gelingt, eine Furcht zu verringern, verringert sich ganz allgemein die Furcht in allen möglichen Situationen. Tellington TTouch Training gibt Ihnen das Werkzeug an die Hand, mit dem Sie das Selbstbewusstsein Ihres Pferdes stärken können, sodass es im Gelände und auf dem Platz weniger seinen Instinkten unterworfen ist.

6. Jedes Pferd ist ein Lehrmeister. In den vergangenen Jahrzehnten waren meine besten Lehrmeister „Problempferde“, die von den Besitzern frustriert zu mir gebracht wurden, nachdem alle anderen Möglichkeiten ausgeschöpft waren.
7. Wir erkennen an, dass Pferde ihre eigenen Gefühle und ihre eigene Persönlichkeit besitzen. Ziel des Tellington TTouch Trainings ist eine Arbeit mit freundlichem Verständnis statt mit Gewalt und die Anwendung der Goldenen Regel des Horsemanship: *Behandle dein Pferd, wie du selbst gern behandelt werden möchtest.*

**Die Philosophie des Tellington TTouch Trainings®**

— Wir achten jedes Tier und sehen es als Lehrer für uns und unser Leben.
— Wir setzen uns für Harmonie, Vertrauen und Zusammenarbeit ein – zwischen Mensch und Tier sowie zwischen Menschen untereinander.
— Wir respektieren und wertschätzen die eigene Persönlichkeit jedes Tieres und jedes Menschen sowie ihre individuelle Art und Weise, zu lernen und sich zu entwickeln.
— Unsere Zusammenarbeit mit Tieren gründet nicht auf Macht und Beherrschung, sondern auf Verständnis und Vertrauen.

## Tellington TTouch

Die Tellington TTouches, kurz genannt „Ti-Touches“, sind sanfte hebende, streichende und kreisende Bewegungen, die das Verhalten verändern, das Wohlbefinden stärken und die Beziehung zwischen Mensch und Pferd verbessern.
Tellington TTouch ist wie eine non-verbale Sprache, die die Verbindung zwischen Mensch und Tier vertieft. Mit nur wenigen Minuten TTouch pro Tag können Sie positive Persönlichkeits- und Verhaltensveränderungen erzielen und die Gesundheit Ihres Pferdes auf sanfte Art unterstützen.

## Die Wirkung der TTouches

Das Ziel der TTouch-Körperarbeit ist die Lebenskraft und Funktion der Körperzellen zu aktivieren, deren „Intelligenz zu wecken“, um eine körperliche und mentale Balance herzustellen.
Daraus ergibt sich ein gegenseitiges Verstehen, Ihr Pferd wird Ihnen mehr und mehr vertrauen und im positiven Sinne selbstbewusster werden.
TTouch bewirkt eine Stimulierung der Selbstheilungskräfte und der Lernfähigkeit.
Studien der Neurologin Anna Wise zeigen, dass während der Ausführung der Eineinviertel-Kreisbewegungen des TTouch-Basis-Kreises am Menschen Gehirnwellenmuster messbar werden, wie sie auch in einem idealen Lern-

zustand entstehen, und zwar bei demjenigen, der behandelt wird, und auch beim Behandler selbst.
Biophysiker Maxwell Cade und Anna Wise nennen diesen idealen Lernzustand „awakened mind state“, was man als erwachtes Bewusstsein übersetzen kann. Die Forscher fanden diesen Zustand bei Menschen, die man als Genies bezeichnet, also Menschen, die mental mehr leisten als der Durchschnittsmensch.
Der „awakened mind state“ ist die ideale Aktivierung aller vier Gehirnwellen, genannt Beta, Alpha, Theta und Delta, und zwar symmetrisch auf beide Großhirnhemisphären verteilt.
Weitere Studien von Anna Wise an Pferden zeigten ebenfalls die Aktivierung aller vier Gehirnwellen beider Hemisphären während der Ausführung der TTouches.
1985 ergaben die Studien russischer Tierärzte am Bitza Olympia Center in Moskau eine Reduzierung von Stresshormonen unter der Anwendung von TTouch an Sportpferden.

## Tellington TTouch fördert die Intelligenz

Tellington TTouch wirkt, anders als eine Massage, nicht nur entspannend, sondern regt auch die Intelligenz des Tieres an. Eine Definition für Intelligenz lautet: „Intelligenz ist die Fähigkeit, sich neuen Situationen gut anpassen zu können.“
Auf dem Weg zu dieser Form von Intelligenz kann Tellington TTouch wertvolle Dienste leisten. Pferde haben genau wie Sie von Zeit zu Zeit Stress in ihrem Leben. Tellington TTouch ist ein wunderbares Werkzeug, um die Auswirkungen von Stress zu mildern und das Tier in einen entspannten, aufnahmefähigen und lernbereiten Zustand zu versetzen. Dieser Zustand hilft mit neuen Situationen weitestgehend stressfrei umgehen zu können. Dies ist die Grundlage für ein ruhiges und harmonisches Miteinander.
Mit Tellington TTouch bauen Sie ein tiefes, gegenseitiges Vertrauen auf. Mit einem Pferd, das Ihnen vertraut und dem Sie vertrauen, können Sie durch „dick und dünn“ gehen. Das Pferd bekommt ein intensiveres Körperbewusstsein und fühlt sich wohler. TTouches helfen bei Angst, Nervosität und Verspannungen. Einige der TTouches sehen wie Massagegriffe aus, sie werden jedoch sehr viel sanfter ausgeführt, da sie die Zellkommunikation anregen möchten, die Lockerung der Muskulatur ist ein Nebeneffekt.
Die Intention der TTouch-Behandlung ist es, die Körperzellen zu aktivieren und deren Kommunikation untereinander zu fördern. Die Zelle an sich ist ein Wunderwerk, sie besitzt eine eigene Intelligenz. Jede Zelle „weiß“ genau, wo sie im Körper hingehört und welche Aufgaben sie hat. Mit TTouch geht es uns darum, genau diese Zellintelligenz zu unterstützen, um das körpereigene Potenzial zur Selbstheilung und zum effektiven Lernen zur vollen Entfaltung zu bringen.

## Die 9 Elemente des Tellington TTouch

### 1. Der TTouch-Kreis

Stellen Sie sich das Ziffernblatt einer Uhr auf dem Körper des Pferdes vor, bei dem die sechs nach unten weist, die neun nach links, die zwölf nach oben und die drei nach rechts. Legen Sie Ihre Finger (oder Ihre Hand, je nach TTouch) auf sechs Uhr und bewegen Sie die Haut sanft in einem Eineinviertel-Kreis (von sechs Uhr einmal rundherum und weiterbis neun Uhr). Am Schluss des Eineinviertel-Kreises lösen Sie den Druck und gleiten zu einer anderen Stelle, wo Sie den nächsten Eineinviertel-Kreis beginnen. Achten Sie darauf, die Haut zu verschieben und nicht nur über das Fell zu gleiten. Machen Sie die Kreise anfangs im Uhrzeigersinn. Wenn Ihrem Pferd damit nicht wohl zu sein scheint, probieren Sie es gegen den Uhrzeigersinn (oder Ihr Pferd braucht ein anderes Tempo, eine andere Druckstärke oder einen anderen TTouch).

### 2. Druckstärken

Der Druck jedes TTouches variiert auf einer Skala von 1 bis 10. Bei Pferden verwenden wir in der Regel einen Druck der Stärke 2 bis 4. Die Absicht des TTouchens liegt nicht darin, das Pferd zu massieren und auf muskulärer Ebene zu arbeiten, sondern die Funktion der Zellen zu unterstützen und die Kommunikation zu verbessern.
Um den Unterschied zwischen leichtem und festerem Druck herauszufinden, können Sie die TTouches an sich selbst üben. Stützen Sie Ihren rechten Ellbogen mit der linken Hand. Legen Sie Ihren rechten Daumen auf die Wange, krümmen Sie Ihre Finger und bewegen Sie die empfindliche Haut unter dem Auge mit gerade so viel Druck, dass Sie das Jochbein, den Kochen, nicht spüren können. Das entspricht Druckstärke 1. Bei Druckstärke 3 fühlen Sie den Knochen auf angenehme Art. Meist wird die Kreisbewegung im Uhrzeigersinn als angenehmer empfunden. Doch probieren Sie es individuell aus. Wiederholen Sie diesen sanften Kreis auf Ihrem Unterarm. Dabei entsteht nur eine ganz leichte Delle. Diese Druckstärke ist Ihre „Grundlinie".
Um die Druckstärke 3 zu spüren, legen Sie Ihre Finger wieder auf die Wange, aber dieses Mal etwas tiefer. Spüren Sie den Wangenknochen während des ganzen Eineinviertel-Kreises deutlich unter Ihrem gekrümmten Mittelfinger. Wiederholen Sie einen Kreis mit derselben Druckstärke auf Ihrem Arm. Achten Sie auf die Delle und den Unterschied zwischen der Druckstärke 1 und 3. Die Druckstärke 2 liegt zwischen 1 und 3 und eine 4 ist etwas fester. (Manchmal verwende ich eine Druckstärke bis zur 6 auf dem Pferdehals, aber nur, wenn das Pferd die tiefe Arbeit zu genießen scheint, den Hals entspannt, den Kopf senkt und seine Augen zu gehen.)
Wenn Sie an einer Verletzung oder mit einem empfindlichen Pferd arbeiten, verwenden Sie weniger Druck: 1 oder 2 ist genug. Druckstärke 3 eignet sich am besten für ein Pferd, das Ihrer Berührung am ganzen Körper vertraut.

### 3. Tempo

Als Tempo bezeichnen wir die Zeit, die man benötigt, um die Haut des Pferdes in einem Eineinviertel-Kreis zu bewegen. Sie kann zwischen einer und drei Sekunden betragen. Um Ihr Pferd zu aktivieren, eignen sich 1-Sekunden-Kreise. Wenn Sie es beruhigen oder seinen Fokus stärken möchten, verwenden Sie 2-Sekunden-Kreise mit einer „achtsamen Pause" nach jedem Kreis (siehe unten).
Anmerkung: 1-Sekunden-Kreise eignen sich am besten, um Schwellungen zu reduzieren und akute Schmerzen zu lindern.

### 4. Achtsame Pause

Halten Sie am Ende eines Eineinviertel-Kreises die Verbindung mit einer „achtsamen Pause", die viele Meditationslehrer als „Pause, die wundersame Stille erlaubt" definieren. Die achtsame Pause hilft uns, eine wichtige Verbindung mit unserem Pferd auf Zellebene herzustellen.

### 5. Verbindungen

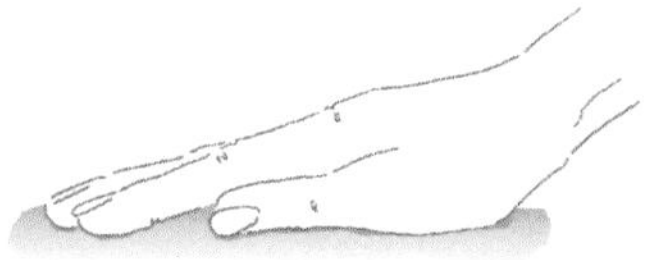

Wenn man ein Pferd am ganzen Körper ttoucht, bietet es sich an, in Linien zu arbeiten, auf denen die Finger von einem TTouch zum nächsten gleiten (also den Kontakt zum Pferd halten), anstatt zu springen. Verbinden Sie die TTouches nicht mit einem Gleiten, wenn eine Stelle schmerzhaft, empfindlich oder verletzt ist. Lösen Sie Ihre Finger stattdessen und machen Sie eine bewusste Bewegung durch die Luft, um beim nächsten Kreis wieder Kontakt mit dem Körper herzustellen. Ich nenne diese Bewegung „weben".

### 6. Körperhaltung

Achten Sie darauf, dass Ihr Schwerpunkt beim TTouchen mehr über den Fußballen als über den Fersen liegt, und dass Ihre Knie locker sind. Wenn Sie einen Fuß etwas hinter den anderen stellen, fällt es Ihnen leichter, die Balance zu halten, und Sie können bei Bedarf schnell ausweichen, falls das Pferd sich bewegen muss.
Setzen Sie beide Hände ein, wenn Sie Ihr Pferd ttouchen: Mit einer Hand machen Sie den TTouch, die andere hält den Kontakt, um eine bessere Verbindung zum Pferd herzustellen.
Die Haltung Ihres Pferdes ist so wichtig wie Ihre. Ein schreckhaftes, ängstliches Pferd steht oft mit hohem Kopf, angespanntem Hals und weggedrücktem Rücken da. Nutzen Sie TTouches, um seinen Kopf zu senken (Seite 15), seinen Hals zu lösen (Seite 28) und seinen Rücken hochzubringen (Seite 30). Sie werden erstaunt sein, wie die Veränderung seiner Haltung sein Verhalten beeinflussen wird.

### 7. Achtsames Atmen

Es ist eine weitverbreitete menschliche Eigenart, den Atem anzuhalten, wenn man sich konzentriert. Achtsames Atmen – einatmen durch die Nase und ausatmen durch gespitzte Lippen – sorgt dafür, dass Sie ruhig, fokussiert und voller Energie bleiben. Wenn Sie so ausatmen, dass Ihr Pferd Sie hören kann, atmet Ihr Pferd oft auch hörbar aus und entspannt sich sichtlich.

### 8. Absicht

Wie bereits erwähnt, besteht ein wesentliches Prinzip des Tellington TTouch und der Tellington Methode darin, ein positives Bild von Ihrem Pferd im Kopf zu bilden: Wie soll es sich benehmen, welche Leistung erbringen und wie soll es mit Ihnen in Beziehung treten? Sie können Verhalten und Gesundheit durch die Absicht, die Sie haben, beeinflussen.

### 9. Feedback: Beobachten Sie die Körpersprache Ihres Pferdes

TTouch wird als Kommunikation zwischen den Arten beschrieben. Da Ihr Pferd nicht mit Worten kommuniziert, müssen Sie lernen, seine Körpersprache zu lesen. Achten Sie auf kleine Veränderungen, die auf negative Reaktionen hinweisen – wie ein Schlagen mit dem Kopf, ein Ausweichen zur Seite oder nach hinten, mit dem Schweifschlagen oder ihn einklemmen (wenn keine Fliegen in der Nähe sind), mit den Hufen scharren, mit den Zähnen knirschen, die Ohren anlegen, Maul und Nüstern anspannen. So spricht das Pferd über seinen Körper mit uns. Lernen Sie, dem „Flüstern Ihres Pferdes zuzuhören". So werden Ihr Verständnis für Ihr Pferd und Ihre Beziehung zu ihm ein neues Niveau erreichen.

**Vertauensbildende TTouches**: Sind eine Sammlung von kreisenden, hebenden und gleitenden Bewegungen mit den Händen und Fingerkuppen über verschiedene Körperteile des Pferdes. Sie dienen dazu, das Vertrauen zu stärken, Spannungen zu lösen, gewohnheitsmäßige Muster, die zu Widersetzlichkeiten führen, zu durchbrechen und dem Pferd neue Möglichkeiten zu eröffnen, wie es lernen und kooperieren kann.

**Bewusstseinsfördernde TTouches**: TTouches, die Spannungen lösen, die Geschmeidigkeit erhöhen und Ihnen mehr Freude mit Ihrem vierbeinigen Partner schenken.

**TTouches für Gesundheit**: Spezielle TTouches, die bei bestimmten gesundheitlichen Problemen, einschließlich Kolik, Schock und Kreuzverschlag, äußerst wertvoll sind.

**Leistungsfördernde TTouches**: TTouches, die sich für Leistungs-, Arbeits- und Sportpferde als besonders nützlich erwiesen haben.

## TTouches auf einen Blick: Wirkung


| Vertrauensbildende TTouches | Seite |
|---|---|
| Aufgerollte-Python-TTouch | 17 |
| Beinkreise vorn und hinten | 27 |
| Das Lecken der Kuhzunge | 22 |
| Lama-TTouch | 18 |
| Liegender-Leopard-TTouch | 18 |
| Maul- und Nüstern-TTouch | 29 |
| Muschel-TTouch | 19 |
| Python-TTouch | 24 |
| Schildkröten-TTouch | 20 |
| Schweif-TTouch | 31 |
| Troika-TTouch | 25 |
| Verbundene Kreise | 21 |

| Bewusstseinsfördernde TTouches | Seite |
|---|---|
| Dachs-Rechen | 27 |
| Haargleiten an Mähne und Schopf | 28 |
| Hals schaukeln | 29 |
| Hufe abklopfen | 29 |
| Noahs Marsch | 23 |
| Oktopus-TTouch | 23 |
| Orang-Utan-TTouch | 19 |
| Quallen-TTouch | 24 |

| | |
|---|---|
| Raupen-TTouch | 24 |
| Rückenheben | 30 |
| Schimpansen- und Babyschimpansen-TTouch | 20 |
| Schwamm-TTouch | 20 |
| Tarantel-TTouch | 25 |
| Tiger-TTouch | 21 |
| Wolken-Leopard-TTouch | 22 |
| Zebra-TTouch | 26 |

| TTouches für die Gesundheit | Seite |
|---|---|
| Bauchheben | 26 |
| Ohren-TTouch | 30 |
| Waschbär-TTouch | 21 |

| Leistungsfördernde TTouches | Seite |
|---|---|
| Bären-TTouch | 17 |
| Becken kippen | 27 |
| Der Schlag der Bärenpranke | 23 |
| Hals biegen | 28 |
| Hals lösen | 28 |
| Nashorn-TTouch | 19 |
| Regenbogen-TTouch | 25 |
| Rippen lösen | 30 |
| Schulter lösen | 31 |

## TTouch auf einen Blick: Ausführung

| Kreisende TTouches | Seite |
|---|---|
| Aufgerollte-Python-TTouch | 17 |
| Bären-TTouch | 17 |
| Lama-TTouch | 18 |
| Liegender-Leopard-TTouch | 18 |
| Muschel-TTouch | 19 |
| Nashorn-TTouch | 19 |
| Orang-Utan-TTouch | 19 |
| Schimpansen- und Babyschimpansen-TTouch | 20 |
| Schildkröten-TTouch | 20 |
| Schwamm-TTouch | 20 |
| Tiger-TTouch | 21 |
| Verbundene Kreise | 21 |
| Waschbär-TTouch | 21 |
| Wolken-Leopard-TTouch | 22 |

| Hebende und streichende TTouches | Seite |
|---|---|
| Das Lecken der Kuhzunge | 22 |
| Der Schlag der Bärenpranke | 23 |
| Noahs Marsch | 23 |
| Oktopus-TTouch | 23 |
| Python-TTouch | 24 |

| | |
|---|---|
| Quallen-TTouch | 24 |
| Raupen-TTouch | 24 |
| Regenbogen-TTouch | 25 |
| Tarantel-TTouch | 25 |
| Troika-TTouch | 25 |
| Zebra-TTouch | 26 |

| Körperteil TTouches | Seite |
|---|---|
| Bauchheben | 26 |
| Becken kippen | 27 |
| Beinkreise vorn und hinten | 27 |
| Dachs-Rechen | 27 |
| Haargleiten | 28 |
| Hals biegen | 28 |
| Hals lösen | 28 |
| Hals schaukeln | 29 |
| Hufe abklopfen | 29 |
| Maul- und Nüstern-TTouch | 29 |
| Ohren-TTouch | 30 |
| Rippen lösen | 30 |
| Rückenheben | 30 |
| Schulter lösen | 31 |
| Schweif-TTouch | 31 |

# BASIS-ÜBUNGEN · KREISENDE TTOUCHES · HEBENDE & STREICHENDE TTOUCHES · KÖRPERTEIL-TTOUCHES

**DIE TELLINGTON-TTOUCHES** sind hier nach der Art der Ausführung in Basis-Übungen, kreisende TTouches, hebende und streichende TTouches sowie Körperteil-TTouches sortiert. Innerhalb der Gruppen folgen sie der alphabetischen Reihenfolge, die Anordnung stellt also keine Wertung dar und ist auch nicht als Empfehlung einer Abfolge zu verstehen. Wenden Sie die TTouches an, die Ihr Pferd gut akzeptiert.

# BASIS-ÜBUNGEN

## Abstreichen mit der Gerte

Streichen Sie mit der Tellington-Gerte (Seite 35) an Hals, Brust und Vorderbeinen entlang nach unten. Auch vom Rumpf zu den Hinterbeinen nach unten. Dadurch fühlt sich das Pferd „geerdet" und der Fluchtreflex kann unterbrochen werden. Es lernt, besser still zu stehen und seinen Körper zu spüren.
Die Gerte, die auch Zauberstab genannt wird, wirkt wie ein verlängerter Arm und man kann das ganze Pferd erreichen, ohne die Position zu verändern.

**Zuordnung:**
Vertrauensbildende Übung
**Wirkung:**
„Erdet", beruhigt, verbessert Gleichgewicht, Stillstehen, Berührungsempfindlichkeit
**Körperbereiche:**
Hals, Brust, Rücken, Beine

## Den Pferdekopf senken

Wichtige Übung, um das Vertrauen zu gewinnen. Hals und Brust mit der Tellington-Gerte (Seite 35) abstreichen, dazu an der Führleine annehmen und nachgeben, sofort loben und in der Verbindung weich bleiben, sobald das Pferd den Kopf senkt.
Varianten: Über das Nasenband des Halfters und mit kleinen TTouch-Kreisen am Genick einwirken, gleichzeitig mit der Gerte den unteren Hals und die Vorhand abstreichen.
Mit der Gertenspitze oder der Hand über die Nüstern streichen, dann mit in einer einladenden Bewegung zum Vorwärts-abwärts animieren, kombiniert mit sanftem Druck und Nachgeben am Genick.

**Zuordnung:**
Vertrauensbildende Übung
**Wirkung:**
Entspannt nervöse Pferde, fördert die Kooperation, löst Muskelspannung in Hals und Rücken
**Körperbereiche:**
Kopf, Hals

## Den Pferdekörper erforschen

Überprüfung von Vertrauen, Unwohlsein und/oder Angst im Pferdekörper. Erkunden mit der flachen Hand mit sanftem Gleiten der Handfläche über den Pferdekörper, oder, wenn das Pferd diese Berührung nicht akzeptiert, mit einem sanften Gleiten der Handrückseite.

**Zuordnung:**
Vertrauens- und Körper-Check
**Wirkung:**
Überprüfung von Vertrauen, Spannung, Angst, Schmerzen, Verkrampfungen, Empfindlichkeiten
**Körperbereiche:**
Gesamter Körper

## Den Tiger zähmen

Sichere Möglichkeit, ein Pferd anzubinden. Platz mit Begrenzungen zu einer Seite und nach hinten wählen, Führkette oder Lama-Leine (Seite 34) am Halfter befestigen, dazu ein 5 bis 6 m langes Seil durch den unteren Halfterring, von dort durch den Anbindering und zum rechten unteren Halfterring ziehen. Seil und Führleine durch Zeigefinger getrennt halten, Körper abstreichen und/oder positionieren mit der Tellington-Gerte (Seite 35).

**Zuordnung:**
Vertrauensbildende Übung
**Wirkung:**
Für Pferde, die sich nicht anbinden lassen, scharren, ausschlagen oder beißen; ermutigt das Pferd, ruhig stehen zu bleiben
**Körperbereiche:**
Anbinden am Kopf

## Kopfbandage

Besteht aus einer elastischen Bandage, gewöhnlich ca. 8 cm breit, die um das Genick gelegt wird, die Bandage kreuzt sich unter den Ganaschen, wird vor den Ohren entlanggeführt und die Enden mit einer Babysicherheitsnadel verbunden.

**Zuordnung:**
Vertrauensbildendes Equipment
**Wirkung:**
Für kopfscheue Pferde, die mit dem Kopf schlagen, beißen; Headshaker, Spannung im Genick
**Körperbereiche:**
Kopf

# KREISENDE TTOUCHES

## Aufgerollte-Python-TTouch

Kombination aus einem Muschel- oder einem Liegender-Leopard-TTouch mit einem Heben der Haut (Python-TTouch oder Python-Lift genannt, Seite 24), kann mit einer Hand oder am Bein mit beiden Händen ausgeführt werden. Hand flach auflegen, Kontakt gerade fest genug, sodass die Hand nicht über das Fell rutscht. Einen TTouch-Kreis, dann Haut sanft nach oben schieben, einige Sekunden lang halten, dann langsam an den Ausgangspunkt zurückgleiten lassen.

**Zuordnung:**
Vertrauensbildender TTouch
Kreisender TTouch
**Druckstärke:** 1 bis 3
**Wirkung:**
Entspannt verkrampfte Muskeln, verbessert die Durchblutung, steigert die Propriozeption (Wahrnehmung von Körperlage und -bewegung im Raum) in den Beinen, revitalisiert müde Beine, als Verbundene Kreise (Seite 21) ausführen
**Körperbereiche:**
Beine, Rücken, Innenseiten der Schenkel

## Bären-TTouch

Hand in einer Art Bärenpranke auflegen, die ersten Fingerglieder senkrecht aufstellen, die Finger eng beieinander. Handgelenk in der Luft, der Daumen ruht mit festem Kontakt auf dem Fell, während die Finger einen Eineinviertel-Kreis machen. Man kann tief in das Gewebe eindringen, ohne dass es für das Pferd unangenehm wird.

**Zuordnung:**
Leistungsfördernder TTouch
Kreisender TTouch
**Druckstärke:** 1 bis 8
**Wirkung:**
Durchblutungsfördernd, für reheanfällige Pferde am Kronenrand
**Körperbereiche:**
Stark bemuskelte Körperteile wie Hals, Kruppe; Kronenrand

## Lama-TTouch

Kreisender TTouch mit dem Handrücken bei locker gehaltener Hand. Der Handrücken wirkt weniger bedrohlich, die kreisende Berührung schafft Vertrauen bei ängstlichen und nervösen Pferden.

**Zuordnung:**
Vertrauensbildender TTouch
Kreisender TTouch
**Druckstärke:** 1 bis 2
**Wirkung:**
Lindert Ängste, Kopfscheu, Berührungsempflindlichkeit, schmerzlindernd, zum Kennenlernen, als Verbundene Kreise (Seite 21) ausführen
**Körperbereiche:**
Kopf, Ohren, Hals, Rumpf, Beine

## Liegender-Leopard-TTouch

Kreisender TTouch mit leicht gewölbter Hand, die ersten Fingerglieder und der Handballen liegen auf.

**Zuordnung:**
Vertrauensbildender TTouch
Kreisender TTouch
**Druckstärke:** 2 bis 3
**Wirkung:**
Fokussiert, vermindert Schreckhaftigkeit, Angst und Kitzligkeit, lindert Schmerzen und Schwellungen, als Verbundene Kreise (Seite 21) ausführen
**Körperbereiche:**
Kopf, Hals, Rücken, Rumpf, Beine

## Muschel-TTouch

Besonders sanfter TTouch mit der weich anliegenden Hand. Kontakt mit Fingern und Handfläche angepasst an die Kontur der Muskeln. Mittelpunkt des Kreises liegt mitten in der Handfläche.

**Zuordnung:**
Vertrauensbildender TTouch
Kreisender TTouch
**Druckstärke:** 1 bis 3
**Wirkung:**
Bei Berührungsempfindlichkeit, löst angespannte Halsmuskeln, hilft bei Gurtzwang, zum Kopfsenken, Stimulierung der Darmgeräusche, vertieft die Atmung, als Verbundene Kreise (Seite 21) ausführen
**Körperbereiche:**
Hals, Rücken, Rumpf, Bauch, Innenseite der Schenkel

## Nashorn-TTouch

Kreisender TTouch mit den Fingerknöcheln für tiefere Muskelschichten. Daumen drückt gegen die gekrümmten Finger, einen Eineinviertel-Kreis ausführen (Druckstärke 3), Handgelenk gerade halten. Dabei mit Daumennagel „einen Schwamm ausdrücken". Am Hals: gleichzeitig mit der anderen Hand Mähnenkamm oder Kopf zu sich hin- und wegbewegen.

**Zuordnung:**
Leistungsfördernder TTouch
Kreisender TTouch
**Druckstärke:** 2 bis 6
**Wirkung:**
Entspannt verkrampfte Schulter-, Brust-, Hals- und Rückenmuskeln
**Körperbereiche:**
An stark bemuskelten Bereichen

## Orang-Utan-TTouch

Kombination von Schimpansen- und Babyschimpansen-TTouch, Kontakt mit der Rückseite der Finger. Die Fläche von den Fingerspitzen bis zu den zweiten Fingergelenken bewegt die Haut im Kreis. Die Finger dabei beugen und das Handgelenk auf einer Linie mit dem Unterarm halten. Hilfreich bei unflexiblen Händen und zur ersten Annäherung an ein Pferd.

**Zuordnung:** Bewusstseinsfördernder TTouch
Kreisender TTouch
**Druckstärke:** 1 bis 3
**Wirkung:** Erzeugt Aufmerksamkeit, Vertrauen, zum Kennenlernen
**Körperbereiche:** Hals, Rücken

## Schimpansen- und Babyschimpansen-TTouch

Kreisender TTouch mit dem Rücken der Finger. Hand leicht wölben, Finger nach innen zur Handfläche krümmen, Kreise mit den mittleren Fingergliedern ausführen. Babyschimpansen-TTouch: Kontakt zum Pferd nur mit der Rückseite der ersten Fingerglieder.

**Zuordnung:**
Bewusstseinsfördernder TTouch
Kreisender TTouch
**Druckstärke:** 2 bis 5
**Wirkung:**
Erzeugt Aufmerksamkeit, als Verbundene Kreise (Seite 21) ausführen
**Körperbereiche:**
Hals, Rücken

## Schildkröten-TTouch

TTouch mit beiden, flach aufliegenden Händen auf sich gegenüberliegenden Seiten des Pferdeköpers, am Hals oder Kiefer. Eine Hand liegt auf „12 Uhr", die andere auf „6 Uhr" (also oben und unten). Die Haut auf beiden Seiten in eineinhalb Kreisen bewegen, sodass die jeweils andere Hand auf 6 bzw. 12 Uhr zu liegen kommt, innehalten, dann das Gewebe mit der „12 Uhr-Hand" leicht nach oben und mit der „6 Uhr-Hand" leicht nach unten schieben, einen Moment innehalten und zurück zur Ausgangsposition.

**Zuordnung:**
Vertrauensbildender TTouch
Kreisender TTouch
**Druckstärke:** 1 bis 3
**Wirkung:**
Entspannt die Muskulatur, vertrauensbildend
**Körperbereiche:**
Kopf, Hals

## Schwamm-TTouch

Kreisender TTouch mit einer drückenden Bewegung verbunden. Haut in einem Eineinviertel-Kreis (Bären-TTouch, Waschbär-TTouch, Seite 17 und 21) bewegen, dann spiralförmig nach innen drücken, wie „einen Schwamm ausdrücken", beim Zurücknehmen des Drucks kann man sich einen vollsaugenden Schwamm vorstellen. Finger in gerader Linie zurückziehen, danach einige Zentimeter weiter zur nächsten Stelle gleiten.

**Zuordnung:**
Bewusstseinsfördernder TTouch
Kreisender TTouch
**Druckstärke:** 2 bis 3
**Wirkung:**
Lockert verkrampfte Halsmuskeln
**Körperbereiche:**
Stark bemuskelte Halspartien

## Tiger-TTouch

Kreisender TTouch mit gespreizten Fingern. Hand wie eine Tigerklaue auflegen, erste Fingerglieder senkrecht, Handgelenk ohne Kontakt, Daumen in stetigem Kontakt zum Pferdekörper, während die Finger gleichzeitig separat Eineinviertel-Kreise beschreiben.

**Zuordnung:**
Bewusstseinsfördernder TTouch
Kreisender TTouch
**Druckstärke:** 1 bis 6
**Wirkung:**
Stimuliert Gefühl, weckt Bewusstsein, zur Kontaktaufnahme, stillt Juckreiz
**Körperbereiche:**
Stark bemuskelte Bereiche

## Verbundene Kreise

Einzelne kreisförmige TTouches werden mit 5–10 cm langen, klaren Gleitbewegungen über das Fell verbunden.

**Zuordnung:**
Vertrauensbildender TTouch
Kreisender TTouch
**Druckstärke:** 1 bis 3
**Wirkung:** Verbessert Körpergefühl, Gleichgewicht, Koordination, fördert Vertrauen
**Körperbereiche:**
Kopf, Hals, Rumpf, Beine

## Waschbär-TTouch

Kleiner TTouch mit den Fingerkuppen, ohne Druck mit den Fingernägeln. Finger wölben, sodass die ersten Fingerglieder senkrecht zur Haut stehen, Finger locker, Handballen und -gelenk ohne Kontakt zum Pferdekörper, Daumen ist leicht vom Rest der Hand abgespreizt und liegt auf.

**Zuordnung:**
TTouch für die Gesundheit
Kreisender TTouch
**Druckstärke:** 1 bis 3
**Wirkung:**
Vermindert Schwellungen, stimuliert Selbstheilung, verringert Schweifklemmen, öffnet verklebte Tränenkanäle, unterstützt Durchblutung am Kronenrand bei Rehe, als Verbundene Kreise (Seite 21)
**Körperbereiche:**
Schwellungen, Wunden, Gurtlage, Schweifrübe, Kronenrand

### Wolken-Leopard-TTouch

Finger geschlossen und leicht gekrümmt halten, mit den Fingerkuppen einen Eineinviertel-Kreis ausführen, der Handballen berührt das Pferd nicht.

**Zuordnung:**
Bewusstseinsfördernder TTouch
Kreisender TTouch
**Druckstärke:** 1 bis 4
**Wirkung:**
Fördert Vertrauen, verbessert Koordination, Beweglichkeit, steigert Bereitschaft und Fähigkeit zum Lernen, als Verbundene Kreise (Seite 21) ausführen
**Körperbereiche:**
Gesamter Körper

## HEBENDE & STREICHENDE TTOUCHES

### Das Lecken der Kuhzunge

Lange, geschmeidige Striche gleitend über das Fell verstärken das Gefühl der Verbindung vom Bauch zum Rücken. Flache Hand unter Bauchmitte, hinter dem Ellbogen beginnen, an den Rippen entlang bis über das Rückgrat hinaus. In der Rumpfmitte Hand drehen, sodass jetzt die Finger nach oben weisen. Anpassung Druck und Handhaltung an Sensibilität des Pferdes.

**Zuordnung:**
Vertrauensbildender TTouch
Streichender TTouch
**Druckstärke:** 1 bis 3
**Wirkung:**
Hebt den Rücken, entspannt die Rückenmuskulatur, lindert Muskelkater, verbessert Geschmeidigkeit und Koordination, verringert Kitzligkeit und Schenkelempfindlichkeit
**Körperbereiche:**
Rumpf, Schultern, Kruppe

## Der Schlag der Bärenpranke

Klopfend-wischende Bewegung mit der gewölbten Hand, Finger berühren das Fell nur ganz kurz und leicht. Wie „Fussel abstreichen" bei Pferden, die hypersensibel sind.

**Zuordnung:**
Leistungssfördernder TTouch
Streichender TTouch
**Druckstärke:** 1 bis 4
**Wirkung:**
Kraftvoll ausgeführt: Energie vermittelnd. Sehr leicht zur Annäherung bei Angst, Nervosität
**Körperbereiche:** Hals, Rumpf, in Linien, die parallel zur Wirbelsäule verlaufen, Beine

## Noahs Marsch

Lange, streichende Bewegungen mit der flachen, entspannten Hand auf dem gesamten Körper des Pferdes.

**Zuordnung:**
Bewusstseinsfördernder TTouch
Streichender TTouch
**Druckstärke:** 1 bis 3
**Wirkung:** Begrüßung und Abschluss TTouch-Behandlung, „erfrischt" zwischen TTouches, zum Vertrautmachen
**Körperbereich:** Gesamter Korper, uberer Halsbereich

## Oktopus-TTouch

TTouch am Pferdebein, bei dem mit beiden Händen komplexe streichende und gleitende Bewegungen ausgeführt werden. Diesen TTouch kann man am besten erlernen, indem man ihn sich von einem Tellington-Practitioner zeigen lässt.

**Zuordnung:**
Bewusstseinsfördernder TTouch
Streichender TTouch
**Druckstärke:** 2 bis 3
**Wirkung:** Erdet das Pferd, steigert Durchblutung, Gangmaß, Bewusstsein für die Beine, verbessert Propriozeption (Wahrnehmung von Körperlage und -bewegung im Raum), fördert Vertrauen, vermindert Lahmheiten, lockert Steifheit in Gelenken
**Körperbereiche:** Beine

## Python-TTouch

Heben der Haut, auch Python-Lift genannt, mit einer Hand oder mit beiden Händen am Bein. Hände flach auflegen, Kontakt gerade fest genug, sodass sie nicht über das Fell rutschen. Die Haut sanft nach oben schieben, einige Sekunden lang halten, dann langsam an den Ausgangspunkt zurückgleiten lassen.
Mit den Händen ein paar Zentimeter nach unten wandern und das Heben wiederholen, von oben nach unten bis zum Fesselgelenk hinunter.

**Zuordnung:**
Vertrauensbildender TTouch
Hebender TTouch
**Druckstärke:** 1 bis 3
**Wirkung:** Entspannt verkrampfte Muskeln, verbessert die Durchblutung, steigert die Propriozeption (Wahrnehmung von Körperlage und -bewegung im Raum) in den Beinen, revitalisiert müde Beine
**Körperbereiche:** Beine, Innenseiten der Schenkel, Rücken

## Quallen-TTouch

Wellenähnliche Schaukelbewegung zur Muskellockerung. Beide Hände flach auf das Pferd legen, die Fingerspitzen berühren sich fast. Mit den Händen die Muskulatur in eine leichte, nach oben gerichtete Wackelbewegung versetzen.

**Zuordnung:**
Bewusstseinsfördernder TTouch
Streichender TTouch
**Druckstärke:** 3 bis 4
**Wirkung:** Lockert Muskeln, wärmt auf, verhindert Steifheit
**Körperbereiche:** Schultern, oberhalb des Unterarms, Kruppen- und Hinterhandmuskulatur, Rücken- und Nierenbereich

## Raupen-TTouch (früher Regenwurm-TTouch)

Schiebender TTouch mit beiden Händen. Beide Hände in einem Abstand von 10 cm auf Mähnenkamm auflegen, Daumen vorn, Finger hinten, Hände langsam aufeinander zuschieben, ohne dass sie verrutschen. Position einige Sekunden lang halten und Haut langsam wieder in die Ausgangsposition begleiten. Mit beiden Händen ein Stück weitergehen und wiederholen.

**Zuordnung:**
Bewusstseinsfördernder TTouch
Streichender TTouch
**Druckstärke:** 2 bis 3
**Wirkung:** Löst Spannungen in Hals und Schultern, senkt den Pferdekopf, entspannt das ganze Pferd
**Körperbereiche:**
Mähnenkamm, Oberlinie, Kruppe

## Regenbogen-TTouch

Gegengleich streichende Bewegungen an den Beinen. Neben dem Pferd stehen, mit beiden Händen gleichzeitig auf der Innen- und Außenseite des Beins Bögen in gegensätzliche Richtungen ausführen. Oben am Bein beginnen, am Fesselgelenk enden.

**Zuordnung:**
Leistungssteigernder TTouch
Streichender TTouch
**Druckstärke:** 3 bis 4
**Wirkung:** Stimuliert und aktiviert vor dem Reiten, fördert Durchblutung, Bewegungsfreiheit, Raumgriff, „erdet"
**Körperbereiche:** Vorder- und Hinterbeine

## Tarantel-TTouch (Tarantel, die den Pflug zieht)

Streichender TTouch in eine Art Hautrollen. Beide Hände nebeneinander, „wandern" mit den Fingerspitzen, Daumen wie einen Pflug hinter sich herziehend, eine kleine Furche bildet sich, in langen parallelen Linien ausgeführt. Bei straffer Haut nur ein Gleiten über das Fell.

**Zuordnung:**
Bewusstseinsfördernder TTouch
Streichender TTouch
**Druckstärke:** 2 bis 4
**Wirkung:** Baut Furcht ab und Vertrauen auf
**Körperbereiche:**
Genick bis Schulter, Rumpf parallel zur Wirbelsäule, Gurtbereich bis Flanken, Schultergelenk bis Widerrist, Ellbogen bis Kronenrand, Kniegelenk bis Huf

## Troika-TTouch

Legen Sie die Hand leicht auf das Fell und machen Sie rhythmische, gleitende Kreise über das Fell, und zwar mit der Außenseite des Daumens und gleichzeitig mit allen vier Fingern, die sich dabei öffnen und schließen. Nach Beendigung jedes einzelnen Kreises treffen sich Daumen und Finger, sodass eine leichte Falte im Fell entsteht, die anregend wirkt.

**Zuordnung:**
Vertrauensbildender TTouch
Streichender TTouch
**Druckstärke:** 2 bis 4
**Wirkung:**
Kontaktaufnahme, Vertrauensaufbau bei Angst und Unsicherheit, befriedigt Kratzbedürfnis, aktiviert Durchblutung
**Körperbereiche:**
Kopf, Hals, Widerrist, Kruppe, Schweifansatz

### Zebra-TTouch (früher Zickzack-TTouch)

Streichender TTouch mit einer Hand oder beiden Händen in diagonalen Strichen. Finger krümmen, aufwärts durch das Fell bewegen, dabei Finger öffnen, beim Herunterbewegen Finger schließen, in Zickzack-Linien mit einer Breite von ca. 30 cm. Beide Hände einsetzen an Kruppe oder Bauch.

**Zuordnung:**
Bewusstseinsfördernder TTouch
Streichender TTouch
**Druckstärke:** 2 bis 3
**Wirkung:**
Löst Erstarrung, Blockaden, Steifheit. Unter dem Sattel nach dem Reiten
**Körperbereiche:**
Rücken, Hals, Kruppe, unter dem Bauch

## KÖRPERTEIL-TTOUCHES

### Bauchheben

Das Bauchheben kann von zwei Menschen gemacht werden – je einer auf beiden Seiten des Pferdes – oder von einer Person mit einem großen Strandtuch. Dies wird auf 15 cm Breite der Länge nach zusammengefaltet und dem Pferd um den Bauch gelegt, sodass Sie beide Enden auf einer Seite halten können. Alternativ: einen breiten Sattelgurt verwenden. Beginnen Sie hinter dem Ellbogen des Pferdes in der Gurtlage und heben Sie langsam an, so lange das Pferd die Druckstärke akzeptiert. Halten Sie 4–8 Sekunden inne und geben Sie langsam nach. Den nächsten Heber führen Sie ca. eine Handbreit weiter hinten aus. Fahren Sie so bis zur Flanke fort.
Wenn das Pferd sich bewegt oder Unwohlsein ausdrückt, heben Sie weniger oder wechseln Sie zu einer anderen Stelle.
Das Bauchheben entspannt die Rückenmuskeln, hilft bei Kolikanzeichen.
Tipp: Bei Kolik jeweils nur vier Sekunden heben, halten und absenken.

**Zuordnung:**
TTouch für die Gesundheit
Körperteil-TTouch
**Druckstärke:**
So lange heben, wie das Pferd es akzeptiert
**Wirkung:**
Krampflösend bei Kolik, aktiviert die Darmtätigkeit (Darmgeräusche), entspannt die Rückenmuskulatur, entlastend für tragende Stuten und bei Senkrücken, vermindert Kitzligkeit und Gurtzwang
**Körperbereiche:**
Bauch

## Becken kippen

Aktivierung des Rückens. Blickrichtung nach vorn, hinter dem Pferd stehend. Ein Fuß steht leicht vor dem anderen, die Fäuste etwas unterhalb der Sitzbeinhöcker angelegt, Gewicht leicht nach vorn schieben, einen Moment innehalten und dann langsam wieder nachlassen.

**Zuordnung:**
Leistungsfördernder TTouch
Körperteil-TTouch
**Druckstärke:** 2 bis 4
**Wirkung:**
Verlängert den Hals, lockert die Hinterhand, verbessert die Verbindung im Körper
**Körperbereiche:**
Sitzbeinhöcker

## Beinkreise vorn und hinten

Kreisende Bewegungen, die mit den Vorder- und Hinterbeinen ausgeführt werden. Blickrichtung zur Hinterhand, Unterstützung des Fesselgelenks mit einer Hand, Huf mit der anderen. Bein langsam waagerecht im Kreis bewegen aus Becken, Knien und Füßen heraus (weniger mit den Armen).

**Zuordnung:**
Vertrauensbildender TTouch
Körperteil-TTouch
**Wirkung:**
Fördert Gleichgewicht und Raumgriff, vergrößert den Bewegungsradius, löst Spannungen in Schultern, Rücken und Hinterhand, verbessert das Gleichgewicht
**Körperbereiche:**
Vorder- und Hinterbeine

## Dachs-Rechen

Variante des Rückenhebens (Seite 30). Oft genügt eine „rechende" Bewegung der Fingerspitzen von der Mittellinie über den Rumpf. Von der Bauchmitte zu den Rippen beidhändig nach oben „rechen".

**Zuordnung:**
Bewusstseinsfördernder TTouch
Körperteil-TTouch
**Druckstärke:** 2 bis 5
**Wirkung:**
Hebt den Rücken, entspannt die Rückenmuskulatur, verringert Kitzligkeit, verlängert den Hals
**Körperbereiche:**
Rumpf

## Haargleiten an Mähne, Schopf und Schweif

An ca. 2 cm breiten Mähnenhaarteilen mit leichtem Zug senkrecht nach oben entlanggleiten. Variante: abwechselnd am Haarbüschel nach links und rechts Richtung Boden entlanggleiten.
Schopf: leichter Zug mit Gleiten vom Haaransatz bis zu den Spitzen nach vorn.
Schweif: Stellen Sie sich außerhalb der Gefahrenzone neben das Pferd. Halten Sie den Schweif mit einer Hand, nehmen Sie eine dünne Strähne in die andere und streichen Sie diese langsam bis zur Spitze aus.

**Zuordnung:**
Bewusstseinsfördernder TTouch
Körperteil-TTouch
**Druckstärke:** 1 bis 3
**Wirkung:**
Vorbereitung zum Einflechten, entspannt Hals, Schultern und Rücken, steigert die Durchblutung, bei Angst vor Geräuschen oder Bewegungen von hinten
**Körperbereiche:**
Schopf, Mähne

## Hals biegen

Das Pferd wird in geschlossener Haltung aufgestellt, die Finger im Bären-TTouch (Seite 17) ca. 20 cm hinter den Ohren auflegen. Mit einer Hand am Nasenriemen den Pferdekopf zu sich hinwenden, mit der anderen Hand Druck auf den Hals ausüben. Anfangs genügt eine ganz kleine Bewegung. Nach zwei, drei Wiederholungen in der Richtung, die leichter fällt, Seite wechseln.

**Zuordnung:**
Leistungsfördernder TTouch
Körperteil-TTouch
**Druckstärke:** 3 bis 4
**Wirkung:**
Fördert Balance und Geraderichtung, löst Spannungen in Schultern und Rücken
**Körperbereiche:**
Hals

## Hals lösen

Hals-„Dehnung“, öffnet sanft Kehle und Ganaschen. Hand auf das Genick des Pferdes oder zwischen die Ohren (wenn Sie vor ihm stehen) legen, die andere unter das Kinn. Kinn nach vorn lang werden lassen.

**Zuordnung:**
Leistungsfördernder TTouch
Körperteil-TTouch
**Druckstärke:** 3 bis 4
**Wirkung:**
Vertrauensbildend, hilft Pferden, die hinter die Senkrechte kommen, verlängert den Hals, fördert Lockerheit und Freiheit der Bewegung
**Körperbereiche:** Kopf, Hals

## Hals schaukeln

Befreit den Hals und macht ihn länger. Oben am Hals beginnen, mit einer Hand den Mähnenkamm von sich weg schaukeln, mit der anderen den Unterhals auf sich zu, den gesamten Hals entlang und zurück.

**Zuordnung:**
Bewusstseinsfördernder TTouch
Körperteil-TTouch
**Druckstärke:** 2 bis 4
**Wirkung:**
Befreit und verlängert den Hals
**Körperbereiche:**
Hals

## Hufe abklopfen

Äußere Hufwand mit dem Knauf der Tellington-Gerte in drei Reihen abklopfen, den gesamten Huf einbeziehen. Fest genug klopfen, aber nicht so, dass das Pferd versucht, sich zu entziehen.

**Zuordnung:**
Bewusstseinsfördernder TTouch
Körperteil-TTouch
**Druckstärke:** 1 bis 4
**Wirkung:**
„Verankert" mit dem Boden, verbessert Taktunreinheiten, Stolpern, bereitet auf Hufgeben, Schmied oder Tierarzt vor
**Körperbereiche:**
Hufe

## Maul- und Nüstern-TTouch

Verschiedene TTouches im Maulbereich, die auf das limbische System wirken. Pferd am Halfter stabilisieren, Einstieg je nach Pferd mit Liegender-Leopard-TTouch (Seite 18), Tiger-TTouch (Seite 21) oder Muschel-TTouch (Seite 19) am Pferdemaul. Die Lippen seitlich lockern mit sanften kreisenden Bewegungen der Hand. Mit zwei Fingern im Bereich der Zahnlücke auf die Zunge klopfen. Kreisendes Bewegen der Unterlippe in alle Richtungen. Äußeren Nüsternrand sanft ausstreichen und kreisen.

**Zuordnung:**
Vertrauensbildender TTouch
Körperteil-TTouch
**Druckstärke:** 1 bis 3
**Wirkung:**
Vorbereitung auf Wurmkur, tierärztliche Behandlungen, Mundstück; gewöhnt an Berührungen am Kopf, hilfreich bei Head-Shaking-Syndrom, Nervosität, Unausgeglichenheit
**Körperbereiche:**
Maul, Lippen, Zunge, Nüstern

## Ohren-TTouch

Ohren-TTouches gehören zu den Notfall-TTouches im Falle von Kolik, Schock oder Schmerzen. Hand von der Genickmitte über den Ohrenansatz bis zur Ohrspitze gleiten lassen, Kontakt mit der Ohrspitze betonen, bevor die Hand weggenommen wird. Falls möglich, Ohr der Länge nach zusammenfalten für Gefühl für die Ohr-Innenseite. Innen im Ohr entlanggleiten und kreisen.

**Zuordnung:**
TTouch für die Gesundheit
Streichender TTouch
**Druckstärke:** 1 bis 5
**Wirkung:**
Im Notfall bis der Tierarzt eintrifft, beruhigt Nervosität, Angst, belebt bei Erschöpfung, Müdigkeit, reguliert Temperatur, Puls und Atmung, kräftigt Immunsystem
**Körperbereiche:** Ohren

## Rippen lösen

Schaukelbewegungen am Brustkorb. Hand liegt auf den Rippen, Daumen in der Vertiefung zwischen zwei Rippen verankert, mit der anderen Hand Schweif gegen die Innenseite des Hinterschenkels drücken. Mit Rotation aus dem Becken einen langsam-rhythmischen Drehmoment zwischen den Händen erzeugen.

**Zuordnung:**
Leistungssteigernder TTouch
Körperteil-TTouch
**Druckstärke:** 3 bis 4
**Wirkung:**
Erhöht Flexibilität, verbessert seitliche Beweglichkeit, steigert die Qualität der Gänge, Seitengänge
**Körperbereiche:** Brustkorb

## Rückenheben

Mit den Fingerspitzen am Bauch ein Anspannen der Bauchmuskeln verursachen und so das Verlängern der Oberlinie/Rückenmuskulatur ermöglichen. Reaktion des Pferdes beachten, manchmal genügt ein sanfter Druck der Fingerkuppen. Finger etwa 15 cm neben der Mittellinie an den Pferdebauch legen.Handflächen weisen zum Pferd, die Finger sind gekrümmt und eng beisammen. Druck hängt vom Pferd ab, eventuell Fingernägel einsetzen, um eine Reaktion zu erhalten.

**Zuordnung:**
Bewusstseinsfördernder TTouch
Körperteil-TTouch
**Druckstärke:** 2 bis 5
**Wirkung:**
Entspannt schmerzende oder steife Rückenmuskeln, zum Kopfsenken, macht den Hals lang, fördert die Aktivität der Hinterhand, verbessert Geschmeidigkeit und Biegsamkeit
**Körperbereiche:** Bauch

## Schulter lösen

Mit einer Hand seitlich an der Schulter hinuntergleiten, die Vorderkante des Schulterblatts erspüren. Wenn die Schulter frei ist, mit den Fingern unter die Kuhle zwischen Schulterblatt und Hals gleiten. Wenn die Schulter fest ist, Pferdehals leicht zu sich wenden, Kopf senken und mit gewölbten Fingern hinter das Schulterblatt gleiten.

**Zuordnung:**
Leistungssteigernder TTouch
Körperteil-TTouch
**Druckstärke:** 3 bis 4
**Wirkung:**
Verlängert den Hals, Kopfsenken, vergrößert Raumgriff, entspannt Muskeln von Schulter, Brust, Hals und Rücken
**Körperbereiche:**
Schultern

## Schweif-TTouch

Verschiedene Berührungen am und mit dem Schweif. Anfangs zur Sicherheit seitlich stehen. Schweif in einer Hand halten, mit der anderen einzelne Haarsträhnen ausstreichen. Eine Hand auflegen, Waschbär-TTouches (Seite 21, Druckstärke 3) rund um die Schweifrübe. Mit beiden Händen die Schweifwirbel einzeln vor- und zurückkippen („Perlenkette"). In gerader Linie hinter dem Pferd stehend Schweif zum Abschluss fest mit beiden Händen umfassen und Gewicht vom vorderen auf den hinteren Fuß verlagern, 1–2 Sekunden innehalten und Zug langsam wieder lösen, indem das Gewicht wieder nach vorn verlagert wird. Zwei bis drei Mal wiederholen.
Wichtig: Nicht nach hinten lehnen, sondern das Gewicht auf den Füßen verlagern!

**Zuordnung:**
Vertrauensbildender TTouch
Körperteil-TTouch
**Druckstärke:** 1 bis 3
**Wirkung:**
Überwindet Angst vor Bewegungen oder Geräuschen, die von hinten kommen, Angst vorm Verladen, löst angespannte Rücken- und Halsmuskeln, reduziert Schweifschlagen, Vorbereitung auf Schweifriemen, Fiebermessen, Deckakt; Pferdekopf senken
**Körperbereiche:**
Schweif

# TELLINGTON-AUSRÜSTUNG VON A–Z

## Balancezügel

Der Balancezügel liegt wie eine „Halskette" oder ein zweiter Zügel um den Hals des Pferdes, Annehmen und Nachgeben unterstützt das Gleichgewicht des Pferdes sowie das Reiten von Übergängen. Es verändert die Gewohnheit, über das Gebiss oder hinter den Zügel zu kommen und reduziert Schreckhaftigkeit und Ängstlichkeit.

**Zuordnung:**
Hilfsmittel beim Reiten
**Wirkung:**
Balanciert das Pferd aus, vermindert Aufrollen und Über-dem-Zügel-Gehen, verlängert den Hals, wirkt beruhigend und verlangsamend, hält das Pferd in der Spur, verbessert harte Gänge, hilft, die Reiterhand ruhig zu halten
**Material:**
Ein 7 m langes, 7 mm dickes Seil (z. B. Kletterseil) wird mit einem Kettenstich „gehäkelt"

## Halsring

Dieser steife, verstellbare Ring aus Lassoseil wird dem Pferd um den Hals gelegt, mit einer oder beiden Händen geführt und mit oder ohne Zaumzeug verwendet. Für Reiter stellt er eine effektive Hilfe zum Anhalten und Wenden dar – anstelle von oder zusammen mit dem Zaumzeug. Der Halsring verbessert Balance und Bewegungsgefühl von Pferd und Reiter, fördert Vertrauen und Kooperation.

**Zuordnung:**
Hilfsmittel beim Reiten
**Wirkung:**
Vertieft Vertrauen und Partnerschaft, verbessert Nervosität, Schreckhaftigkeit, Schiefe, Steifheit, verbessert Reitersitz und Gleichgewicht
**Material:** Ein steifer, verstellbarer Lassoring

## Körperband (Bewusstheits-Bandage)

Das Körperband besteht aus zwei oder drei zusammengeknüpften elastischen Bandagen, die um das Pferd gelegt werden – meistens ähnlich wie das Körperseil. Inzwischen gibt es zahlreiche Variationen. Wie das Körperseil, vermittelt auch das Körperband dem Pferd ein Gefühl von Verbindung und fördert das Gefühl von Sicherheit und Geborgenheit. Es hilft, angespannte, scheue und schreckhafte Pferde zu entspannen, aktiviert die Hinterhand und verbessert die Rückentätigkeit.

**Zuordnung:**
Hilfsmittel bei der Bodenarbeit und beim Reiten
**Wirkung:**
Schafft eine Begrenzung, beruhigt bei Verspannung, Schreckhaftigkeit, Platzangst, Unsicherheit, zum Führen von Fohlen
**Material:**
Zwei bis drei ca. 10 cm breite, elastische Bandagen (Pferdebandagen)

## Körperseil (Bewusstheits-Seil)

Das Körperseil wird in Form einer Acht um Schultern und Hinterhand des Pferdes geführt. Legen Sie dem Pferd das Seil um den Hals und kreuzen Sie es hinter dem Widerrist. Wickeln Sie das kürzere Ende mehrmals um das längere. Führen Sie das lange Ende um die Hinterhand, sodass es in der Wölbung des Unterschenkels (circa 20 cm über den Sprunggelenken) liegt. Verknoten Sie beide Enden knapp hinter dem Widerrist seitlich von der Wirbelsäule.

**Zuordnung:**
Hilfsmittel bei der Bodenarbeit und beim Reiten
**Wirkung:** Schafft eine Begrenzung, beruhigt bei Verspannung, Schreckhaftigkeit, Platzangst, Sicherheit, zum Führen von Fohlen
**Material:**
Ein ca. 7 m langes und 8–10 mm starkes Nylonseil

## Lama-Leine (Tellington-Führleine)

Eine 1,8 m lange Nylonleine mit einem 0,5 cm dicken, weichen Seil, das zum Führen in das Halfter eingeschnallt wird. Das weiche Seilstück wird von oben nach unten durch den linken unteren Ring des Halfters geführt. Das Seil wird angehoben, sodass es den Nasenriemen kreuzt, und wird von innen nach außen durch den rechten unteren Halfterring geführt. Richtig angelegt, liegt das Seil über dem Nasenriemen, nicht direkt auf der Pferdenase. Der Verschluss wird in den oberen rechten Halfterring eingehakt und zeigt nach außen, damit er nicht in die Haut kneift. Ideal für junge oder empfindliche Pferde.

**Zuordnung:**
Hilfsmittel zum Führen und bei der Bodenarbeit
**Wirkung:**
Pferde lernen damit auf sanfte Art, geführt zu werden
**Material:**
Ein ca. 1,8 m langes Nylonseil

## Lindel (Sidepull)

Dies ist eine gebisslose Zäumung mit einem Nasenband aus flachem Leder und einem weichen, verstellbaren Kinnriemen, den man locker einstellen kann. Ein Extrariemen fixiert das Backenstück so, dass es nicht ins Auge rutscht. Für Pferde, die sich aufrollen oder hinter der Senkrechten gehen, mit Zahnproblemen oder Maulverletzungen und als sanfte Alternative zum Anreiten.

**Zuordnung:**
Hilfsmittel zum Reiten
**Wirkung:**
Zum Anreiten, hinter dem Zügel gehen, bei Zahn- oder Maulproblemen
**Material:**
Gebisslose Zäumung

## Tellington-Führkette

Die Führkette besteht aus einer circa 2 m langen, flachen Nylonleine mit einer 75 cm langen Kette. Sie wird dem Pferd so angelegt, dass sie über dem Nasenband des Halfters verläuft. So können Sie fein und klar aufs Pferd einwirken, ohne unangenehmen Druck aufzubauen. Dieses Handwerkszeug ist für ein Pferd geeignet, das schwierig zu kontrollieren ist, weil es ihm vermittelt, auf präzise, feine Signale ohne Druck zu achten.

**Zuordnung:**
Hilfsmittel zum Führen und bei der Bodenarbeit
**Wirkung:**
Pferde lernen damit auf präzise Art, geführt zu werden, stets in Verbindung mit der Tellington-Gerte zum Abstreichen des Körpers und zur Signalgebung verwenden
**Material:**
Führleine mit Kettenteil

## Tellington-Gerte (Zauberstab)

Die Tellington-Gerte ist eine 120 cm lange, steife, weiße Gerte mit einem Plastikknauf. Die Gerte ist optimal, was Wirkung und Balance angeht. Wir bezeichnen sie als „Zauberstab", weil die meisten Menschen bei „Peitsche" und manchmal auch bei Gerte an Bestrafung denken. Stattdessen wird der Zauberstab als verlängerter Arm benutzt, um das Pferd abzustreichen, es zu beruhigen und feine Signale zu geben.

**Zuordnung:**
Wirkt wie ein verlängerter Arm beim Anbinden (Den Tiger zähmen), beim Führen, bei der Bodenarbeit und beim Reiten
**Wirkung:**
Zum Abstreichen des Körpers, zur Signalgebung und Beruhigung
**Material:** Weiße Gerte

## Tellington-Trainingsgebiss (Rollerbit)

Dieses Gebiss ist aus rostfreiem Stahl und hat eine Kupferrolle in der Zungenfreiheit sowie lose, gebogene Anzüge und wird mit zwei Paar Zügeln geritten. Es macht Maul, Kiefer, Genick, Rücken und Becken eines Pferdes „weich" und stellt ein wirksames Hilfsmittel für Pferde dar, die auf der Vorhand laufen, auseinandergefallen sind, steif im Rücken oder der Hinterhand, die einen Hirschhals haben, unregelmäßig gehen oder schreckhaft sind.

**Zuordnung:**
Hilfsmittel zum Reiten, Führen
**Wirkung:**
Verbessert Haltung, Gleichgewicht, Engagement der Hinterhand, Hirschhals, steifen Rücken, Verbindung zur Reiterhand, beruhigt übereifrige und guckige Pferde
**Material:** Mundstück aus rostfreiem Stahl mit Kupferrolle

# VERHALTENSPROBLEME VON A–Z

Die in der rechten Spalte aufgezählten Tellington-TTouches sind alphabetisch sortiert, die Auflistung stellt also keine Wertung oder Reihenfolge der Anwendung dar. Ziel ist es, mit den TTouches das Vertrauen Ihres Pferdes zu gewinnen. Wenden Sie die Tellington-TTouches an, die Ihr Pferd akzeptieren und genießen kann.

## Abspritzen, Abwaschen

Siehe auch „Einsprühen". Aus Angst reißen viele Pferde den Kopf hoch und machen den Rücken steif. Gesteigert wird die Panik dadurch, dass Pferde im Waschstand beidseitig angebunden werden.

Abstreichen mit der Gerte
Den Pferdekopf senken
Den Tiger zähmen
Python-TTouch
Zebra-TTouch

## Aggressiv anderen Pferden gegenüber

| | |
|---|---|
| Aggressivität ist meistens eine Folge von Angst – beispielsweise nicht genug Futter zu bekommen oder nicht genug Platz zu haben. In einer gewachsenen Herde kennt jedes Pferd seinen Rang und ein Ohrenzucken, ein einfaches Schweifschlagen genügt, um friedlich die Grenzen zu wahren. | Aufgerollte-Python-TTouch<br>Das Lecken der Kuhzunge<br>Maul-TTouch<br>Muschel-TTouch<br>Ohren-TTouch<br>Schweif-TTouch |

## Anbinden

| | |
|---|---|
| Die meisten Pferde fürchten sich instinktiv davor, angebunden zu sein – Flucht ist ihre wirkungsvollste Verteidigung. Der selbst verursachte Schmerz beim Losreißen löst noch heftigere und verzweifeltere Versuche aus, sich zu befreien. | Abstreichen mit der Gerte<br>Aufgerollte-Python-TTouch<br>Den Pferdekopf senken<br>Den Tiger zähmen<br>Ohren-TTouch<br>Raupen-TTouch |

## Angaloppieren

| | |
|---|---|
| Auf die Hilfen zum Angaloppieren springt das Pferd „falsch" an. Überprüfung: passt der Sattel, sind Schmerzen im Genick, am Hals, in den Schultern oder im Rücken vorhanden. TTouches tragen dazu bei, Asymmetrien und Verspannungen im Körper zu beseitigen. | Becken kippen<br>Beinkreise hinten und vorn<br>Das Lecken der Kuhzunge<br>Hals lösen<br>Oktopus-TTouch<br>Raupen-TTouch<br>Rückenheben<br>Schweif-TTouch<br>Zebra-TTouch |

## Angst vor Bewegungen und Geräuschen

| | |
|---|---|
| Siehe auch „Scheuen, Guckigkeit", „Über dem Zügel gehen", „Schweif einklemmen". Wenn Pferde Angst haben, klemmen sie den Schweif ein, spannen die Muskeln der Hinterhand an und halten den Kopf sehr hoch, diese Körperhaltung verstärkt das Gefühl der Furcht noch mehr. | Aufgerollte-Python-TTouch<br>Den Pferdekopf senken<br>Hals biegen<br>Körperband<br>Maul-TTouch<br>Muschel-TTouch<br>Ohren-TTouch<br>Schweif-TTouch |

## Aufrollen

| | |
|---|---|
| Eine Zügelführung mit der Pferdenase hinter der Senkrechten kann dazu führen, dass sich die Halsmuskeln schmerzhaft verkrampfen. Die Folge können gebundene Gänge, Zügellahmheit oder Schmerzen in der Hals- und Rückenmuskulatur sein. | Aufgerollte-Python-TTouch<br>Balancezügel<br>Das Lecken der Kuhzunge<br>Den Pferdekopf senken<br>Hals lösen<br>Kopfbandage Lindel<br>Ohren-TTouch<br>Raupen-TTouch<br>Schulter lösen |

## Aufsitzen lassen

| | |
|---|---|
| Viele Pferde bleiben zum Aufsitzen nicht stehen, weil sie sich im Rücken verkrampfen und die Luft anhalten, und dies, weil sie erfahrungsgemäß das Gleichgewicht verlieren, wenn der Reiter aufsitzt. Nutzen Sie eine Aufsteighilfe! | Abstreichen mit der Gerte<br>Beinkreise vorn und hinten<br>Das Lecken der Kuhzunge<br>Den Pferdekopf senken<br>Den Tiger zähmen<br>Hufe abklopfen<br>Raupen-TTouch<br>Verbundene Kreise |

## Auftrensen

| | |
|---|---|
| Siehe auch „Kopfscheu", „Gebiss nicht nehmen". Pferde beißen die Zähne zusammen, heben den Kopf so hoch, dass der Reiter nicht mehr an ihn herankommt, oder lassen sich das Kopfstück nicht über die Ohren ziehen. Wenn das Pferd das Gebiss nicht nehmen will, ist eine Zahnkontrolle wichtig. | Das Lecken der Kuhzunge<br>Den Pferdekopf senken<br>Kopfbandage<br>Maul-TTouch<br>Ohren-TTouch<br>Rückenheben |

## Ausschlagen

| | |
|---|---|
| Siehe auch „Bocken“, „Angst vor Bewegung oder Gegenständen im Hintergrund“. Pferde, die unter dem Reiter oder an der Hand ausschlagen, können andere Pferde oder Menschen ernsthaft verletzen. Grund ist Furcht, manchmal auch Klaustrophobie. Ausschlagen ist meist defensiv gemeint und typisch für Pferde, die nicht an andere Pferde gewöhnt sind oder früher auf der Weide schlechte Erfahrungen gemacht haben. | Abstreichen mit der Gerte<br>Aufgerollte-Python-TTouch<br>Beinkreise vorn und hinten<br>Das Lecken der Kuhzunge<br>Den Pferdekörper erforschen<br>Körperband<br>Ohren-TTouch<br>Schweif-TTouch |

## Beißen

| | |
|---|---|
| Siehe auch „Nibbeln“, „Kneifen“, „Putzen“, „Widersetzlichkeit“. Pferde, die beißen, versuchen mitzuteilen, dass die Art des Putzens oder Sattelns unbehaglich ist, der Rücken wehtut oder Empfindlichkeit vorliegt. Extreme Beißer signalisieren, dass sie irgendwo starke Schmerzen haben. Es kann auch die Angst vor Schmerzen oder Strafe oder auf eine hormonelle Störung hindeuten. | Abstreichen mit der Gerte<br>Den Pferdekopf senken<br>Den Tiger zähmen<br>Maul-TTouch<br>Ohren-TTouch<br>Raupen-TTouch<br>Schimpansen-TTouch |

## Buckeln, Bocken

| | |
|---|---|
| Siehe auch „Ausschlagen“, „Angst vor Gegenständen“. In Freiheit gehören Bocksprünge oder Ausschlagen zu den instinktiv ausgeführten Bewegungen des Pferdes. Buckelt es also einfach aus Übermut, weil es ihm gut geht und es ihm Spaß macht? Bocken ist, besonders wenn es ohne Vorwarnung auftritt, oft ein Zeichen für Schmerz oder körperliches Unbehagen. Lassen Sie Ihr Pferd vom Tierarzt untersuchen! Reiten Sie es nicht! | Aufgerollte-Python-TTouch<br>Bauchheben<br>Beinkreise vorn und hinten<br>Das Lecken der Kuhzunge<br>Körperband<br>Ohren-TTouch<br>Quallen-TTouch<br>Troika-TTouch<br>Schweif-TTouch<br>Verbundene Kreise |

## Demotiviert

| | |
|---|---|
| Warum weigert sich dieses Pferd vorwärts zu gehen? Das Pferd kann entweder „übertrainiert", d. h. geistig oder körperlich erschöpft sein, oder es ist nicht allzu überzeugt von den reiterlichen Fähigkeiten. Auch kann in der Grundausbildung etwas vernachlässigt worden sein. | Beinkreise vorn und hinten<br>Das Lecken der Kuhzunge<br>Der Schlag der Bärenpranke<br>Körperseil<br>Ohren-TTouch<br>Regenbogen-TTouch<br>Schulter lösen<br>Verbundene Kreise |

## Durchgehen

| | |
|---|---|
| Durchgehen ist reines Fluchtverhalten, gewöhnlich durch Angst oder Schmerz ausgelöst. Wenn ein Pferd auf „Flucht oder Kampf" schaltet, werden Adrenalin und andere Hormone ausgeschüttet, und das sympathische Nervensystem übernimmt die Kontrolle. Aus den Beinen wird Blut abgezogen und in die großen Muskeln geschickt, um sie für die Flucht zu stärken. Ein Pferd auf der Flucht nimmt seine Umgebung nicht mehr wahr, ebenso wenig etwaige Reiterhilfen. | Balancezügel<br>Das Lecken der Kuhzunge<br>Den Pferdekopf senken<br>Körperband<br>Maul-TTouch<br>Ohren-TTouch<br>Tarantel-TTouch<br>Troika-TTouch<br>Verbundene Kreise<br>Zebra-TTouch |

## Eilen

| | |
|---|---|
| Diese Pferde sind verkrampft und fluchtbereit, mögen keinen Kontakt am Maul, an den Flanken oder den Hinterbeinen und reagieren überempfindlich auf den Schenkel. Sie können am ganzen Körper kitzlig sein, die Bauchmuskulatur ist verspannt. Oft klemmen sie auch den Schweif ein.<br>Achtung: Sattel überprüfen. | Abstreichen mit der Gerte<br>Balancezügel<br>Aufgerollte-Python-TTouch<br>Bauchheben<br>Beinkreise vorn und hinten<br>Das Lecken der Kuhzunge<br>Den Pferdekopf senken<br>Körperband<br>Maul-TTouch<br>Muschel-TTouches<br>Ohren-TTouch<br>Schweif-TTouch<br>Tarantel-TTouch<br>Zebra-TTouch |

## Einfangen lassen

Pferde, die sich nicht einfangen lassen, sollten positive Erfahrungen mit Menschen machen, dazu sind die vertrauensbildenden Tellington TTouches sehr gut geeignet. Wichtig ist die Überprüfung, ob das Pferd Schmerzen im Rücken hat, die Hals- oder Rückenmuskeln verkrampft sind, ob Zahnprobleme vorliegen oder sonstige Ursachen das Verhalten des Pferdes erklären.

Abstreichen mit der Gerte
Den Pferdekopf senken
Den Pferdekörper erforschen
Maul-TTouch
Ohren-TTouch
Tarantel-TTouch
Troika-TTouch
Schweif-TTouch
Verbundene Kreise
Wolken-Leopard-TTouch

## Einseitig steif

Wie Menschen sind auch Pferde meist auf einer Seite weniger flexibel. Häufiges Abbiegen im Hals kann zu Muskelschmerzen und Steifheiten in Genick, Hals und Rücken führen und erhöht nicht unbedingt die Geschmeidigkeit.

Bären-TTouch
Den Pferdekopf senken
Hals biegen
Hals schaukeln
Hals lösen
Rippen losen
Schulter lösen
Schweif-TTouch

## Einsprühen

Aus Angst vorm Einsprühen reißen viele Pferde den Kopf hoch und machen den Rücken steif, sobald sie von einer Sprühflasche „attackiert" werden. Gesteigert wird ihre Panik noch dadurch, dass sie meist beidseitig angebunden oder in einem Waschstand „gefangen" sind.

Abstreichen mit der Gerte
Den Tiger zähmen
Python-TTouch
Troika-TTouch
Zebra-TTouch

## Entwurmen

Pferde leisten Widerstand, weil sie nie gelernt haben, den Kopf auf Wunsch des Reiters zu heben oder zu senken. Lassen Sie vom Tierarzt die Zähne kontrollieren.

Den Pferdekopf senken
Maul-TTouch

## Erschöpft

| | |
|---|---|
| Siehe auch „Sauer", Demotiviert", „Schleppender Schritt". Das Pferd will nicht vorwärts gehen, legt die Ohren an, dies sind Zeichen des Pferdes für geistige oder körperliche Erschöpfung. | Beinkreise vorn und hinten<br>Das Lecken der Kuhzunge<br>Ohren-TTouch<br>Oktopus-TTouch<br>Troika-TTouch<br>Zebra-TTouch |

## Faulheit

| | |
|---|---|
| Siehe auch „Störrisch". Viele Pferdeleute halten „Faulheit" bei einem Pferd für eine Einstellungssache. Überprüfen Sie Fütterung, körperliche Probleme, Ausbildung, Reitweise, Trainingsintensität. | Bären-TTouch mit Schwamm-TTouch<br>Das Lecken der Kuhzunge<br>Körperseil<br>Schlag der Bärenpranke<br>Schweif-TTouch<br>Tarantel-TTouch<br>Zebra-TTouch |

## Füße nicht aufheben, nicht stehen lassen, wegziehen

| | |
|---|---|
| Das Pferd hebt auf Aufforderung den Fuß, stellt ihn aber ebenso schnell mit voller Wucht wieder ab, hebt widerwillig den Fuß an und stützt sich auf den Menschen. Der Pferdefuß scheint aus Blei und fest mit dem Boden verwurzelt zu sein. Das Pferd zieht ungewollt den Fuß hoch, zum Beispiel beim Putzen, Bandagieren oder Gamaschen anlegen. | Abstreichen mit der Gerte<br>Aufgerollte-Python-TTouch<br>Beinkreise vorn und hinten<br>Das Lecken der Kuhzunge<br>Den Pferdekopf senken<br>Den Tiger zähmen<br>Hufe abklopfen<br>Oktopus-TTouch<br>Tarantel-TTouch |

## Gebiss nicht nehmen

| | |
|---|---|
| Siehe auch „Auftrensen", „Kopfscheu". Pferde beißen die Zähne zusammen, heben den Kopf so hoch, dass der Reiter nicht mehr an sie herankommt, oder lassen sich das Kopfstück nicht über die Ohren ziehen. Wenn das Pferd das Gebiss nicht nehmen will, ist eine Zahnkontrolle wichtig. | Den Pferdekopf senken<br>Maul-TTouch<br>Ohren-TTouch |

## Gebundene Gänge

| | |
|---|---|
| Wenn der Hinterfuß im Arbeitstrab oder Mittelschritt nicht über den Abdruck des Vorderfußes hinaustritt. Folgende Gründe kommen in Frage: übertriebene Versammlung über längere Zeit mit daraus folgender Muskelverkürzung, verspannte Muskulatur im Hals, in den Schultern, den Unterarmen, im Rücken, an den Nieren oder den Unterschenkeln, drückender, die Schultern beengender Sattel, Sattelgurt, der zu stramm oder zu schnell angezogen wird, nicht diagnostizierte Lahmheit oder chronische Steifheit, Krankheiten wie Verschlag, Rehe oder Hufrollenentzündung. | Beinkreise vorn und hinten<br>Das Lecken der Kuhzunge<br>Hals schaukeln<br>Körperband und Körperseil<br>Liegender-Leopard-TTouch<br>Haargleiten (Mähne austreichen)<br>Raupen-TTouch<br>Regenbogen-TTouch<br>Schulter lösen<br>Schweif-TTouch<br>Verbundene Kreise |

## Gleichgewicht und Koordination

| | |
|---|---|
| Siehe auch „Unfallträchtig". Manchmal wird das Pferd im Bemühen, auf das fehlende Gleichgewicht Einfluss zu nehmen, zwischen treibenden und versammelnden Hilfen zusammengeschraubt. Gleichgewicht bezieht sich nicht nur auf den Körper, sondern auch auf den Geist und die Emotionen. Jeder kleine Reiz bringt das Pferd aus dem Konzept. Ein nicht ausbalanciertes Pferd kann auf Hilfen nicht effektiv reagieren. | Abstreichen mit der Gerte<br>Beinkreise vorn und hinten<br>Den Pferdekopf senken<br>Hufe abklopfen<br>Körperband<br>Schweif-TTouch<br>Verbundene Kreise |

## Greifen

| | |
|---|---|
| Von „Greifen" spricht man, wenn das Pferd sich mit dem Hinterhuf in den gleichseitigen Vorderhuf tritt. Das kann gebäudebedingt sein oder die Folge eines Rückenproblems oder Ungleichgewichts der Hufe. Manchmal greifen sich Pferde auch aus Müdigkeit. | Beinkreise vorn und hinten<br>Das Lecken der Kuhzunge<br>Körperband<br>Oktopus-TTouch<br>Rippen lösen<br>Rückenheben<br>Schulter lösen |

## Guckigkeit

| | |
|---|---|
| Siehe auch „Scheuen". Chronisch schreckhafte Pferde sind oft an einer Stelle unterhalb des Widerrists, hinter der Schulter, empfindlich. Dies ist ein Akupressurpunkt für das Zwerchfell, der sich auf die Atmung auswirkt. An dieser Stelle kneifen oft zu enge Sättel. Die Pferde können auch ca. 15 bis 20 cm am Hals hinter dem Ohr verspannt sein, einem Akupressurpunkt für die Durchblutung zum Kopf. | Das Lecken der Kuhzunge<br>Den Pferdekopf senken<br>Hals schaukeln<br>Kopfbandage<br>Körperband<br>Maul-TTouch<br>Ohren-TTouch |

## Gurtzwang

| | |
|---|---|
| Siehe auch „Beißen", „Sattelzwang". Pferde schnappen in die Luft, versuchen zu beißen oder legen die Ohren an, sobald der Gurt angezogen wird. Oder sie bewegen sich mit kurzen, steifen Schritten, wenn sie vorwärts gehen sollen. In Extremfällen zögern sie kurz und explodieren dann entweder nach vorn oder nach hinten. Vielleicht wurde das Pferd in der Vergangenheit zu schnell oder zu fest angegurtet oder der Sattel hat nicht gepasst. Das Pferd zeigt seine Besorgnis, indem es sich verspannt, den Kopf hochreißt, zur Seite ausweicht oder die Ohren anlegt. | Aufgerollte-Python-TTouch<br>Bauchheben<br>Beinkreise vorn und hinten<br>Das Lecken der Kuhzunge<br>Den Pferdekopf senken<br>Muschel-TTouch<br>Rippen lösen |

## Hart zu sitzen

| | |
|---|---|
| Das Pferd hat einen harten Trab und einen holprigen Galopp. Natürlich kann ein weniger optimales Gebäude einem Pferd Grenzen setzen, aber bei fast jedem Pferd lässt sich der Gang doch um einiges verbessern. | Balancezügel<br>Beinkreise vorn und hinten<br>Das Lecken der Kuhzunge<br>Den Pferdekopf senken<br>Körperband<br>Schweif-TTouch |

## Hengstverhalten

| | |
|---|---|
| Jeder Hengst, der öffentlich auftritt, sei es auf einer Show, einem Turnier oder einem Geländeritt, sollte gut erzogen und gehorsam sein. Dies bedeutet: kein Trompeten oder auch nur Bullern unter dem Sattel oder an der Hand, kein ausgefahrener Schlauch oder anderes Hengstverhalten. | Abstreichen mit der Gerte<br>Den Tiger zähmen<br>Körperband<br>Maul-TTouch<br>Verbundene Kreise |

## Hinter dem Zügel, hinter der Senkrechten

| | |
|---|---|
| Siehe auch „Aufrollen". Ein Pferd, das mit der Pferdenase hinter der Senkrechten geritten wird, hat ein eingeschränktes Sichtfeld und kann nicht mehr sehen, wo es hingeht. Dazu kommt, dass sich die Halsmuskeln schmerzhaft verkrampfen. Die Folge können gebundene Gänge, Zügellahmheit oder Schmerzen in der Hals- und Rückenmuskulatur sein. | Aufgerollte-Python-TTouch<br>Balancezügel<br>Den Pferdekopf senken<br>Hals lösen<br>Lindel<br>Ohren-TTouch<br>Raupen-TTouch<br>Verbundene Kreise |

## Hirschhals

| | |
|---|---|
| Von einem Hirschhals spricht man, wenn die Muskeln auf der Halsunterseite überentwickelt sind. Typisch für solche Pferde ist, dass gleichzeitig die Muskulatur am Mähnenkamm und an der Oberlinie zurückgeht. Viele hirschhalsige Pferde entwickeln Probleme: Sie gehen mit hohem Hals, halten den Rücken fest oder haben einen Senkrücken, es fehlt an Koordination, sie fallen auseinander oder sind extrem schreckhaft. Diese Pferde haben Probleme im Rücken und sind aufgrund der falsch ausgebildeten Muskulatur nicht im Gleichgewicht. | Das Lecken der Kuhzunge<br>Balancezügel<br>Körperseil und Körperband<br>Kopfbandage<br>Maul-TTouch<br>Raupen-TTouch<br>Rückenheben<br>Tellington-Gebiss<br>Schweif-TTouch<br>Verbundene Kreise |

## Hohe Kopfhaltung

| | |
|---|---|
| Siehe auch „Sterngucker", „Rückenprobleme", „Hirschhals", „Scheuen" („Guckigkeit"). Die hohe Kopfhaltung löst den Fluchtreflex aus. Diese Pferde sind oft schreckhaft, verkrampft und haben Schmerzen im Genick und im Rücken. Häufig wird der Schweif eingeklemmt. | Beinkreise vorn<br>Das Lecken der Kuhzunge<br>Den Pferdekopf senken<br>Kopfbandage<br>Körperband<br>Rückenheben<br>Schweif-TTouch<br>Zebra-TTouch |

## Kleben am Stall, an anderen Pferden

| | |
|---|---|
| Siehe auch „Steigen". Mit hoch erhobenem Kopf, bretthartem Halsmuskeln, geweiteten Nüstern und rollenden Augen macht das Pferd auf dem Absatz kehrt, Blickrichtung wieder heimwärts, sobald es vom Hof gehen soll. Das Verhalten zeigt Trennungsangst an, das Pferd ist wirklich ängstlich und verunsichert und sucht bei seinen Gefährten Sicherheit oder das Pferd erwartet etwas Unangenehmes. Manche Pferde sind dabei aber auch unaufgeregt und stoisch. | Das Lecken der Kuhzunge<br>Den Pferdekopf senken<br>Kopfbandage<br>Körperband<br>Maul-TTouch<br>Ohren-TTouch<br>Oktopus-TTouch<br>Schweif-TTouch<br>Tarantel-TTouch<br>Troika-TTouch<br>Verbundene Kreise |

## Klemmen

| | |
|---|---|
| Siehe auch „Schleppender Schritt", „Stätigkeit". Das Pferd weigert sich, in bestimmten Situationen vorwärts zu gehen oder scheint an der Hand oder unter dem Sattel „stecken zu bleiben". Druck machen führt oft dazu, dass das Pferd sich dagegenstemmt, die Halsmuskeln anspannt und rückwärts kriecht, wobei es oft auch noch ausschlägt. Wird weiter Druck gemacht, reagiert das Pferd möglicherweise mit Steigen oder Umdrehen. Prüfen, ob der Sattel passt. | Balancezügel<br>Das Lecken der Kuhzunge<br>Körperseil und Körperband<br>Maul-TTouch<br>Ohren-TTouch<br>Rückenheben<br>Tarantel-TTouch<br>Trainingsgebiss<br>Verbundene Kreise<br>Wolken-Leopard-TTouch |

## Kneifen, in die Luft schnappen

| | |
|---|---|
| Siehe auch „Putzen“, „Widersetzlichkeit“. Pferde, die in die Luft schnappen, versuchen mitzuteilen, dass ihnen die Art des Putzens oder Sattelns unbehaglich ist, der Rücken wehtut oder Empfindlichkeit vorliegt. Es kann auch Stress oder die Angst vor Schmerzen oder Strafe sein. | Den Tiger zähmen<br>Maul-TTouch<br>Muschel-TTouch<br>Ohren-TTouch<br>Schimpansen-TTouch |

## Kopf am Menschen reiben

| | |
|---|---|
| Sie steigen ab und bevor Sie noch den Gurt lösen können, bohrt das Pferd den Kopf in den Reiterrücken und beginnt sich heftig daran zu reiben. Der Mensch dient dem Pferd als eine Art Kratzbaum. | Den Tiger zähmen<br>Troika-TTouch<br>Zebra-TTouch |

## Kopfscheu

| | |
|---|---|
| Ein kopfscheues Pferd lässt sich nicht gern an den Ohren anfassen, ob beim Trense anlegen, die Zügel über den Kopf streifen oder beim Putzen. Es schlägt mit dem Kopf, hebt ihn hoch und tut einfach alles, um die Hände von seinen Ohren fernzuhalten. Die Abneigung, sich an den Ohren berühren zu lassen, kann viele Ursachen haben: eine akute oder vergangene Infektion oder Entzündung im Ohr oder eine Überempfindlichkeit gegen Insekten oder gegen Licht. | Den Pferdekopf senken<br>Haargleiten am Schopf<br>Kopfbandage<br>Körperband<br>Lama-TTouch<br>Maul-TTouch<br>Raupen-TTouch<br>Verbundene Kreise<br>Waschbär-TTouch |

## Kopfscheu

Pferde, die gewohnheitsmäßig mit dem Kopf schlagen, sind nicht sehr angenehm zu reiten und können sogar gefährlich werden, weil sie oft den Überblick über ihre Füße verlieren. Sie verlieren das Gleichgewicht. Es besteht die Gefahr, dass dabei ein Zügel über den Kopf geschleudert wird oder der Reiter sich am Kopf verletzt.
Hinweis: Zähne vom Tierarzt kontrollieren lassen.

Abstreichen mit der Gerte
Aufgerollte-Python-TTouch
Bauchheben
Beinkreise vorn und hinten
Den Tiger zähmen
Kopfbandage
Liegender-Leopard-TTouch
Maul-TTouch
Ohren-TTouch
Rückenheben
Schweif-TTouch
Verbundene Kreise

## Koppen, Krippensetzen, Freikoppen

Das Pferd hat nur eines im Sinn: die Vorderzähne auf dem Krippenrand oder einem anderen Gegenstand aufzusetzen. Dann wölbt es den Nacken, spannt Hals- und Rückenmuskeln an, schaukelt nach hinten und schluckt mit einem grunzenden Laut Luft. Wie Studien gezeigt haben, werden Pferde süchtig nach dem dabei frei werdenden Glücks-Endorphin.
Die Anfangsursache kann Langeweile sein, Stress, zu wenig Bewegung, ein Zahnproblem oder zu wenig Raufutter.

Aufgerollte-Python-TTouch
Balancezügel
Das Lecken der Kuhzunge
Den Pferdekopf senken
Kopfbandage
Liegender-Leopard-TTouch
Lindel
Maul-TTouch
Ohren-TTouch
Raupen-TTouch
Rückenheben
Schwamm-TTouch

## Kreuzgalopp

Ein Pferd im Kreuzgalopp geht vorn beispielsweise Rechtsgalopp und hinten Linksgalopp oder umgekehrt. Sie merken es sofort, denn es fühlt sich sehr unbequem und holperig an. Kreuzgalopp unter dem Sattel resultiert meist aus mangelndem Gleichgewicht oder einer Verletzung. Das Pferd, das in Freiheit in den Kreuzgalopp fällt, ist unkoordiniert. Überprüfen Sie, ob der Sattel passt.

Aufgerollte-Python-TTouch
Beinkreise vorn und hinten
Das Lecken der Kuhzunge
Den Pferdekopf senken
Den Pferdekörper erforschen
Körperband und Körperseil
Oktopus-TTouch
Schulter lösen
Verbundene Kreise
Wolken-Leopard-TTouch

## Losreißen

| | |
|---|---|
| Viele Pferde, die sich loszureißen versuchen, handeln aus einer Urangst heraus. Der selbst verursachte Schmerz beim Losreißen löst noch heftigere und verzweifeltere Versuche aus, sich zu befreien. | Abstreichen mit der Gerte<br>Den Pferdekopf senken<br>Den Tiger zähmen<br>Kopfbandage<br>Ohren-TTouch<br>Raupen-TTouch<br>Verbundene Kreise |

## Nibbeln

| | |
|---|---|
| Siehe auch „Putzen", „Widersetzlichkeit". Wenn das Pferd nur mit den Lippen herumspielt oder leckt, ist dies wohl ein Zeichen der Zuneigung oder eine Bitte um Aufmerksamkeit. Es kann aber auch eine Reaktion auf Enge oder ein anerzogenes Verhalten sein. | Den Pferdekopf senken<br>Den Tiger zähmen<br>Maul-TTouch<br>Muschel-TTouch<br>Ohren-TTouch<br>Schimpansen-TTouch |

## Platzangst (Klaustrophobie)

| | |
|---|---|
| Viele Pferde reagieren ängstlich und nervös, wenn sie eine Engstelle passieren sollen, zum Beispiel durch eine schmale Tür in die Box oder durch ein schmales Koppeltor, in einen Putzstand oder in einen Pferdehänger. Andere fürchten sich vor niedrigen Decken oder Balken. Meist handelt es sich um instinktive, automatische Reaktionen, mit denen das Pferd sich davor schützen will, ausweglos in die Enge getrieben zu werden. | Das Lecken der Kuhzunge<br>Den Pferdekopf senken<br>Haargleiten<br>Körperband<br>Ohren-TTouch<br>Tarantel-TTouch<br>Schweif-TTouch<br>Wolken-Leopard-TTouch |

## Putzen

Siehe auch „Auftrensen", „Einfangen". Schlägt das Pferd mit dem Kopf, schnappt nach dem Menschen oder in die Luft, schlägt mit dem Schweif, tänzelt herum oder schlägt aus. Solch ein Pferd ist schon steif und verkrampft, bevor auch nur der Sattel aufgelegt wurde, Stresshormone fluten durch den Körper. Viele Pferde werden in Eile, zu grob oder mit einer zu steifen Bürste geputzt. Merkt der Reiter oder Pfleger nichts davon, kann das Pferd noch empfindlicher, ängstlich oder reizbar werden. Manchmal tut Pferden irgendwo etwas weh oder sie fürchten sich aufgrund alter Traumata im Voraus vor möglicherweise auftretenden Schmerzen. Verstärkt wird ihr Unbehagen, ihr Widerstand noch, wenn sie beidseitig angebunden sind.

Abstreichen mit der Gerte
Aufgerollte-Python-TTouch
Beinkreise vorn und hinten
Den Tiger zähmen
Hufe abklopfen
Maul-TTouch
Muschel-TTouch
Python-TTouch
Troika-TTouch

## Rangordnung

Überraschenderweise lässt sich der Stand eines Pferdes unter seinen Artgenossen in vielen Fällen verbessern, wenn man ihm ein neues Selbstbild und ein neues Körperbewusstsein vermittelt. Es kann sein, dass ein Pferd aus der Herde herausgenommen werden muss, damit es nicht verprügelt wird oder abmagert, weil es immer vom Futter oder Wasser vertrieben wird und sich nicht im Schatten unterstellen darf.

Aufgerollte-Python-TTouch
Beinkreise vorn und hinten
Maul-TTouch
Oktopus-TTouch
Schweif-TTouch
Tarantel-TTouch
Verbundene Kreise

## Rückenprobleme, Rückenschmerzen

| | |
|---|---|
| Siehe auch „Senkrücken, steifer Rücken", „Hirschhals". Pferde mit Hirschhälsen, mit langem Rücken oder einer Neigung, mit hohem Kopf zu gehen, sind besonders anfällig dafür, sich im Rücken fest und steif zu machen oder einen Senkrücken zu entwickeln – was gewöhnlich gleichbedeutend mit Rückenschmerzen ist. Hauptursachen sind schlecht angepasste Sättel oder schlecht ausbalancierte bzw. steife Reiter oder Hilfszügel. Auch ständiges Angehen gegen einen Stoßzügel oder andere Hilfszügel kommt als Ursache in Betracht. | Bauchheben<br>Becken kippen<br>Das Lecken der Kuhzunge<br>Den Pferdekopf senken<br>Hals lösen<br>Verbundene Kreise<br>Liegender-Leopard-TTouch<br>Raupen-TTouch<br>Rückenheben<br>Schweif-TTouch |

## Rückwärtsrichten

| | |
|---|---|
| Einem Pferd beizubringen, korrekt rückwärts zu gehen, kann für viele Menschen und Pferde ein echter Stolperstein sein. Glücklicherweise kann man einem Pferd diesen wesentlichen Schritt in seiner Ausbildung sehr einfach vom Boden aus beibringen. | Balancezügel<br>Becken kippen<br>Beinkreise vorn und hinten<br>Nashorn-TTouch<br>Rückenheben |

## Sattelzwang

| | |
|---|---|
| Siehe auch „Gurtzwang". Pferde mit Sattelzwang haben oft einen verspannten oder steifen Rücken, ohne dass jemand dies bemerkt hätte. In den meisten Fällen hat sich herausgestellt, dass der Rücken nicht richtig vorbereitet wurde, bevor sie als junge Pferde erstmals gesattelt und eingeritten wurden. Mit ein paar Übungseinheiten TTouch am Rücken und im Gurtbereich, bevor das Pferd erstmals gesattelt und geritten wird, lässt sich dies leicht vermeiden – und zwar für den Rest seines Lebens. | Aufgerollte-Python-TTouch<br>Bauchheben<br>Das Lecken der Kuhzunge<br>Körperseil<br>Liegender-Leopard-TTouch<br>Muschel-TTouch<br>Rückenheben |

## Sauer

| | |
|---|---|
| Siehe auch „Schleppender Schritt“. Das Pferd kann entweder „übertrainiert“, d.h. geistig oder körperlich erschöpft sein vom Training oder von Turnieren, es ist nicht allzu überzeugt von den reiterlichen Fähigkeiten oder in der Grundausbildung ist etwas vernachlässigt worden. | Aufgerollte-Python-TTouch<br>Das Lecken der Kuhzunge<br>Den Pferdekörper erforschen<br>Maul-TTouch<br>Ohren-TTouch<br>Raupen-TTouch<br>Rippen lösen<br>Schweif-TTouch |

## Scharren

| | |
|---|---|
| Das Scharren mit einem Vorderfuß ist ein Zeichen von Ungeduld oder eine Gewohnheit. Es kann auch Ausdruck einer überemotionalen Reaktion auf eine Stresssituation sein. Pferde, die scharren, sind möglicherweise auch auf anderen Gebieten undiszipliniert und unkooperativ. Manche Pferde halten abwechselnd beim Scharren einen Vorderfuß hoch, was dazu führt, dass sich die Muskeln in der gleichseitigen Schulter, dem Unterarm und der Halsseite versteifen. Das kann die Leistung des Pferdes beeinträchtigen, weil es an Raumgriff verliert und sich im Rücken fest macht. | Abstreichen mit der Gerte<br>Aufgerollte-Python-TTouch<br>Beinkreise vorn<br>Den Tiger zähmen<br>Hufe abklopfen<br>Maul-TTouch<br>Muschel-TTouch<br>Ohren-TTouch<br>Oktopus-TTouch<br>Schulter lösen<br>Verbundene Kreise |

## Schenkelgehorsam

| | |
|---|---|
| Pferde, die gegen den Schenkel gehen, werden oft als stätig (siehe „Stätigkeit“), faul (siehe„Faulheit“) oder schlimmeres bezeichnet. Es gibt verschiedene Gründe, warum ein Pferd nicht willig auf die Hilfen reagiert: Die Fütterung stimmt vielleicht nicht, es ist sauer, weil es von den Zügeln gebremst und von den Schenkeln angetrieben wird, oder hat einfach nie gelernt, wie und wann es vorwärts zu gehen hat. Möglicherweise ist eine Untersuchung durch einen Chiropraktiker angesagt. | Aufgerollte-Python-TTouch<br>Das Lecken der Kuhzunge<br>Körperseil<br>Muschel-TTouch<br>Tarantel-TTouch<br>Tiger-TTouch<br>Troika-TTouch<br>Rippen lösen<br>Verbundene Kreise<br>Waschbär-TTouch<br>Wolken-Leopard-TTouch |

## Scheren

Siehe auch „Putzen". Viele Pferde mit einer Abneigunggegen das Scherensind auch empfindlich beim Putzen; sie werfen den Kopf hoch und halten die Luft an, wenn ihnen etwas unangenehm ist. Viele lassen sich auch nicht gern vom Tierarzt behandeln. Leider wird bei vielen Pferden mit einer Phobie gegen das Scheren einfach die Nasenbremse oder ein Beruhigungsmittel eingesetzt. Das ist zwar besser, als einen Kampf und Verletzungen zu riskieren, aber selbst empfindliche Pferde können sich mit etwas Geduld an das Scheren gewöhnen.

Das Lecken der Kuhzunge
Den Pferdekopf senken
Den Tiger zähmen
Liegender-Leopard-TTouch
Ohren-TTouch
Raupen-TTouch
Tarantel-TTouch
Wolken-Leopard-TTouch

## Scheuen

Siehe auch „Guckigkeit". Ein Pferd kann aus Angst oder Verspanntheit scheuen, aber auch gewohnheitsmäßig. Viele Pferde scheuen immer vor bestimmten Dingen – bellenden Hunden, Briefkästen, Fahrrädern, wehenden Plastikfolien, dem unsichtbaren Tiger in der Ecke der Reitbahn. Manchmal scheuen sie auch aus heiterem Himmel, wenn dem Pferd zum Beispiel an einem windigen Tag eine Plastiktüte vor die Füße weht, wenn ein Karnickel aus dem Gebüsch hüpft oder ein Heißluftballon über das Pferd hinwegschwebt.

Aufgerollte-Python-TTouch
Beinkreise vorn und hinten
Das Lecken der Kuhzunge
Den Pferdekopf senken
Hufe abklopfen
Körperband
Ohren-TTouch
Oktopus-TTouch
Tarantel-TTouch
Troika-TTouch
Verbundene Kreise

## Schiefer Schweif

Eine Eigenheit des Gebäudes, manchmal soll ein schief getragener Schweif auch auf eine einseitig verspannte Rückenmuskulatur zurückzuführen sein. Die Ursache ist unbekannt, hat möglicherweise aber eine genetische Komponente, die erst im fortgeschrittenen Alter zum Ausdruck kommt.

Den Pferdekopf senken
Hals lösen
Rückenheben
Schweif-TTouch

## Schleppender Schritt

Siehe auch „Faulheit", „Stolpern". Pferde, die unter dem Reiter nicht vorwärts gehen, haben meist überhaupt nicht gelernt, auf Schenkelhilfen zu reagieren. Vielleicht sind sie auch vor dem Anreiten nicht richtig vom Boden aus vorbereitet worden. Bewegt sich ein normalerweise locker vorwärts gehendes Pferd allerdings plötzlich träge und stuckerig, braucht es möglicherweise die Hilfe eines Chiropraktikers. Überprüfen Sie, ob das Verhalten körperliche Ursachen haben könnte – zu wenig Futter für das, was das Pferd leisten soll, oder ein unausgewogener Vitamin-Mineralien-Haushalt.

Beinkreise vorn und hinten
Körperband
Oktopus-TTouch
Tarantel-TTouch
Verbundene Kreise

## Schweif einklemmen

Siehe auch „Angst vor Bewegung und Gegenständen im Hintergrund". Viele Pferde haben Angst vor Bewegungen um ihre Hinterhand herum oder vor Kontakt an der Hinterhand. Als Reaktion klemmen sie den Schweif ein und verkrampfen sich. Tritt nun eine unerwartete Situation ein – dass sich beispielsweise eine Leine oder Longe unter dem Schweif verfängt – kann dies dazu führen, dass das Pferd bockt oder durchgeht.

Beinkreise vorn und hinten
Das Lecken der Kuhzunge
Ohren-TTouch
Schweif-TTouch
Haargleiten am Schweif
Tarantel-TTouch
Verbundene Kreise
Waschbär-TTouch
Wolken-Leopard-TTouch
Zebra-TTouch

## Schweif schlagen, drehen

Viele Faktoren können Auslöser dafür sein, dass das Pferd mit dem Schweif dreht oder schlägt: Rückenschmerzen aufgrund eines schlecht angepassten Sattels, ein zu strammer Gurt oder es ist „sauer" oder erschöpft von zu viel Drill, zu ehrgeizigem oder unbeabsichtigtem Einsatz von Schenkel oder Sporen oder es ist Überempfindlichkeit gegenüber Schenkelhilfen. Passform des Sattels überprüfen!

Aufgerollte-Python-TTouch
Bauchheben
Becken kippen
Das Lecken der Kuhzunge
Liegender-Leopard-TTouch
Muschel-TTouch
Rückenheben
Schweif-TTouch
Tarantel-TTouch
Verbundene Kreise

## Steifer Rücken

Pferde mit Hirschhälsen, mit langem Rücken oder einer Neigung, mit hohem Kopf zu gehen, sind besonders anfällig dafür, sich im Rücken fest und steif zu machen oder hinter dem Zügel zu gehen – was gewöhnlich gleichbedeutend mit Rückenschmerzen ist. Hauptursachen sind schlecht angepasste Sättel oder schlecht ausbalancierte bzw. steife Reiter. Auch ständiges Angehen gegen einen Stoßzügel kommt als Ursache in Betracht.

Bauchheben
Becken kippen
Das Lecken der Kuhzunge
Den Pferdekopf senken
Hals lösen
Körperband
Liegender-Leopard-TTouch
Raupen-TTouch
Rückenheben
Schweif-TTouch
Verbundene Kreise

## Stätigkeit

Siehe auch „Schleppender Schritt". Das Pferd weigert sich, in bestimmten Situationen vorwärts zu gehen oder scheint an der Hand oder unter dem Sattel, „stecken zu bleiben". Druck machen führt oft dazu, dass das Pferd sich dagegenstemmt, die Halsmuskeln anspannt und rückwärts kriecht. Wird weiter Druck gemacht, reagiert das Pferd möglicherweise mit Ausschlagen, Steigen oder Umdrehen. Bei einem jungen Pferd kann Widersetzlichkeit zur Gewohnheit werden. Es verliert die Lust an der Leistung und das Vertrauen.

Beinkreise vorn und hinten
Das Lecken der Kuhzunge
Halsring
Körperseil
Lindel
Maul-TTouch
Ohren-TTouch
Schweif-TTouch
Wolken-Leopard-TTouch

## Steigen

| | |
|---|---|
| Manche Pferde steigen, weil sie nicht allein aus dem Stall und ins Gelände gehen wollen, oder am Eingang zum Turnierplatz. Pferde versuchen sich manchmal beim Führen der Kontrolle zu entziehen. Steigen kann viele Gründe haben, unter anderem: Widersetzlichkeit aus Angst; unklare Reiterhilfen; fehlende Grunderziehung; Verspannungen im Hals, im Rücken und in den Schultern des Pferdes; schlecht angepasster Sattel; Schmerzen im Maul aufgrund von Zahnproblemen oder durch das Mundstück.<br>Tipp: Den Tierarzt um Rat fragen und nicht reiten! | Den Pferdekopf senken<br>Den Tiger zähmen<br>Körperband<br>Maul-TTouch<br>Ohren-TTouch<br>Schweif-TTouch<br>Tarantel-TTouch<br>Tellington-Trainingsgebiss<br>Verbundene Kreise |

## Sterngucker

| | |
|---|---|
| Siehe auch „Hohe Kopfhaltung", „Rückenprobleme", „Hirschhals", „Scheuen" („Guckigkeit"). Pferde, die mit hocherhobenem Kopf gehen sind gleichzeitig auch besonders nervös und die hohe Kopfhaltung löst den Fluchtreflex aus. Sie sind oft schreckhaft, verkrampft und haben Schmerzen im Genick und im Rücken. Häufig wird der Schweif eingeklemmt. Angebunden scharren sie; sie geraten leicht unter Stress, und wenn sie ihre Komfortzone verlassen sollen, „explodieren" sie bisweilen. | Balancezügel<br>Beinkreise vorn<br>Das Lecken der Kuhzunge<br>Den Pferdekopf senken<br>Hals biegen<br>Hals lösen<br>Maul-TTouch<br>Ohren-TTouch<br>Körperband<br>Rückenheben<br>Schulter lösen<br>Schweif-TTouch<br>Tellington-Trainingsgebiss |

## Stolpern

| | |
|---|---|
| Junge Pferde, die noch nicht im Gleichgewicht sind, stolpern häufig; auch zu lange oder nicht ausbalancierte Hufe können ein Grund dafür sein. Ein langer Rücken, ein Senkrücken oder ein Hirschhals können dazu beitragen, dass das Pferd öfter stolpert. Pferde, die noch nicht die Kraft haben, den Reiter in Selbsthaltung zu tragen, neigen ebenfalls zum Stolpern, besonders über wechselnden Bodenverhältnissen. Zu den „Stolperern" gehören auch Pferde mit hoher Kopfhaltung, nervöse und guckige Pferde. | Aufgerollte-Python-TTouch<br>Becken kippen<br>Beinkreise vorn und hinten<br>Den Pferdekopf senken<br>Hufe abklopfen<br>Körperband<br>Oktopus-TTouch<br>Rückenheben<br>Tellington-Trainingsgebiss |

## Störrisch, widerspenstig

| | |
|---|---|
| Eigensinnig, widerspenstig, schwierig im Umgang oder bei der Arbeit, widersetzlich, stur. Als „störrisch" kann man ein Pferd bezeichnen, wenn es sauer oder stätig ist, sich nur mühsam einfangen oder verladen lässt, nicht die Beine zum Auskratzen hebt – sich eben immer und überall weigert zu tun, was von ihm verlangt wird. Dafür gibt es zahlreiche Ursachen: mangelhafte Ausbildung, Überarbeitung, Schmerzen, unklare Hilfengebung und mangelnde reiterliche Fähigkeiten, um nur einige zu nennen. | Aufgerollte-Python-TTouch<br>Balancezügel<br>Beinkreise vorn und hinten<br>Das Lecken der Kuhzunge<br>Den Pferdekopf senken<br>Maul-TTouch<br>Ohren-TTouch<br>Tarantel-TTouch<br>Verbundene Kreise |

## Stürmen

Siehe auch „Eilen". Auf einem stürmenden Pferd entsteht das Gefühl, auf einem Pulverfass zu sitzen, das jeden Augenblick explodieren kann. Bei einer Erforschung des Körpers stellt sich oft eine extreme Verspanntheit heraus. Diese Pferde sind verkrampft, nervös und fluchtbereit, mögen keinen Kontakt am Maul, an den Flanken oder den Hinterbeinen und reagieren überempfindlich auf den Schenkel. Sie können am ganzen Körper kitzlig sein, die Bauchmuskulatur ist verspannt. Oft klemmen sie auch den Schweif ein.
Achtung: Sattel überprüfen, Check vom Tierarzt, das Pferd nicht reiten!

Aufgerollte-Python-TTouch
Bauchheben
Beinkreise vorn und hinten
Das Lecken der Kuhzunge
Den Pferdekopf senken
Den Pferdekörper erforschen
Körperband
Maul-TTouch
Muschel-TTouch
Ohren-TTouch
Oktopus-TTouch
Schweif-TTouch
Tarantel-TTouch
Zebra-TTouch

## Tierarzt-Phobie

Beim Anblick des Tierarztes ist der Kopf hoch erhoben, und die Halsmuskeln sind so verhärtet, dass sich manchmal die Injektionsnadel verbiegt und nicht eindringen kann. Bei einer derartig angespannten Halsmuskulatur kann das Medikament, der Impfstoff oder das Vitaminpräparat oft nicht richtig absorbiert werden, sodass es zu beträchtlichen Schwellungen kommt. Sie müssen das Pferd dazu bringen, dass es mit dem Tierarzt kooperiert und ihm vertraut.

Abstreichen mit der Gerte
Beinkreise vorn und hinten
Den Pferdekopf senken
Den Tiger zähmen
Haargleiten am Schopf
Hals schaukeln
Ohren-TTouch
Raupen-TTouch
Schwamm-TTouch
Waschbär-TTouch
Wolken-Leopard-TTouch

## Übereifer

| | |
|---|---|
| Siehe auch „Buckeln". Ein übereifriges Pferd ist, besonders zu Beginn einer Prüfung, nur schwer zu halten. Am häufigsten begegnet man diesem Problem beim Distanzreiten, im Vielseitigkeitssport, beim Hindernis- und beim Flachrennen. Kreuzverschlag, völlige Erschöpfung oder Kolik können die Folge sein oder Maul, Hals und Rücken haben unter dem ständigen Zurückhalten zu leiden. Natürlich leidet auch der Reiter, und auch ihm tun Genick, Rücken und Schultern weh. Auf Dauer gesehen nützen Ihnen Strategien, wie Sie das Gleichgewicht des Pferdes erhalten bzw. verbessern können. | Aufgerollte-Python-TTouch<br>Bauchheben<br>Beinkreise vorn und hinten<br>Das Lecken der Kuhzunge<br>Den Pferdekopf senken<br>Hals schaukeln<br>Kopfbandage<br>Körperband Maul-TTouch<br>Ohren-TTouch<br>Oktopus-TTouch<br>Rückenheben<br>Schweif-TTouch<br>Tarantel-TTouch |

## Unfallträchtig

| | |
|---|---|
| Siehe auch „Gleichgewicht und Koordination". Weist Ihr Pferd, wenn es von der Weide hereinkommt, oft kleine Risse und Abschürfungen auf? Bleibt es mit der Hüfte am Türrahmen hängen, schlagt sich den Kopf am Zaunpfosten an und scheint überhaupt wenig Gefühl dafür zu haben, wo sich seine Körperteile befinden (Eigenwahrnehmung)? | Aufgerollte-Python-TTouch<br>Bauchheben<br>Das Lecken der Kuhzunge<br>Den Pferdekopf senken<br>Hufe abklopfen<br>Körperband und Körperseil<br>Oktopus-TTouch<br>Tarantel-TTouch<br>Verbundene Kreise |

## Untugenden wie Weben, Koppen u. ä.

| | |
|---|---|
| In unserer Stallhaltung werden Pferde aus diversen Gründen meist voneinander getrennt gehalten – weil sie so wertvoll sind, weil es an Platz mangelt und manchmal auch, weil die Halter sich einfach gar nicht bewusst sind, wie wichtig Sozialkontakt und Interaktion für Pferde sind. | Abstreichen mit der Gerte<br>Aufgerollte-Python-TTouch<br>Beinkreise vorn und hinten<br>Das Lecken der Kuhzunge<br>Maul-TTouch<br>Muschel-TTouch<br>Ohren-TTouch<br>Oktopus-TTouch<br>Schweif-TTouch<br>Tarantel-TTouch |

## Vorderlastig, auf der Vorhand

| | |
|---|---|
| Oft spricht man auch davon, dass das Pferd „sich auf den Zügel legt" oder „kopflastig" geht. Das kann gebäudebedingt sein (das Pferd ist überbaut), aber meistens entsteht es durch Fehler in der Ausbildung oder durch unpassende Ausrüstung. | Balance-Zügel<br>Beinkreise vorn und hinten<br>Das Lecken der Kuhzunge<br>Hufe abklopfen<br>Körperband<br>Rückenheben |

## Wasserscheu

| | |
|---|---|
| Das Pferd weigert sich, ins oder in die Nähe von Wasser zu gehen. Druck machen führt oft dazu, dass das Pferd sich dagegenstemmt, die Halsmuskeln anspannt und rückwärts kriecht, wobei es oft auch noch ausschlägt. Wird weiter Druck gemacht, reagiert das Pferd möglicherweise mit Steigen oder Umdrehen. | Beinkreise vorn und hinten<br>Das Lecken der Kuhzunge<br>Haargleiten<br>Hals schaukeln<br>Körperseil<br>Maul-TTouch<br>Ohren-TTouch<br>Schweif-TTouch<br>Tarantel-TTouch<br>Wolken-Leopard-TTouch |

## Wundversorgung

| | |
|---|---|
| Rufen Sie sofort den Tierarzt! Damit es in der Wartezeit nicht verrückt spielt oder kämpft, besteht Ihr erstes Ziel darin, das Pferd ruhig zu halten und gleichzeitig die Blutung zu stillen, einem Schockzustand vorzubeugen und die Verletzung möglichst näher untersuchen zu können. | Den Tiger zähmen<br>Ohren-TTouch |

## Zackeln

| | |
|---|---|
| Siehe auch „Übereifer", „Hirschhals". Ein Pferd, das zackelt, kann einfach keine Ruhe geben. Es geht keinen entspannten Schritt, sondern bewegt sich unter dem Reiter immer in kleinen, tänzelnden Trabtritten vorwärts. Die meisten Pferde zackeln, wenn sie mit anderen Pferden zusammen im Gelände geritten werden oder wenn es in Richtung Heimat geht. Chronisch zackelnde Pferde weisen oft einen Hirschhals auf und drücken den Rücken weg. | Abstreichen mit der Gerte<br>Aufgerollte-Python-TTouch<br>Balancezügel<br>Beinkreise vorn und hinten<br>Den Pferdekopf senken<br>Hals lösen<br>Hals schaukeln<br>Ohren-TTouch<br>Raupen-TTouch<br>Rückenheben<br>Schweif-TTouch |

## „Zickige" Stute

| | |
|---|---|
| Manche Stuten werden in der Rosse überempfindlich. Sie quietschen, blitzen, spritzen, schlagen aus und legen die Ohren an, wenn andere Pferde in die Nähe kommen. Oft gehen sie unter dem Sattel dann auch gegen den Schenkel. Die Stimmungsumschwünge von Stuten können sich negativ auf ihre Leistung auswirken, besonders wenn Präzision gefragt ist. | Abstreichen mit der Gerte<br>Maul-TTouch<br>Verbundene Kreise<br>Waschbär-TTouch<br>Tarantel-TTouch<br>Troika-TTouch<br>Zebra-TTouch |

## Zunge strecken u.Ä.

| | |
|---|---|
| Oft ein Zeichen für physischen oder emotionalen Stress. Es kann ebenso in der Box vorkommen wie während der Arbeit unter dem Reiter und die verschiedensten Formen annehmen: Das Pferd kann die Zunge seitlich heraushängen, sie aber auch ganz zurückziehen. Manche Pferde scheinen auf ihrer Zunge herumzubeißen oder an ihr zu saugen, oder sie lassen sie von einer Seite zur anderen herumrollen.<br>Achtung: Zahnkontrolle! | Aufgerollte-Python-TTouch<br>Hals schaukeln<br>Liegender-Leopard-TTouch<br>Lindel<br>Maul-TTouch<br>Ohren-TTouch<br>Raupen-TTouch |

# GESUNDHEITSPROBLEME & NOTFÄLLE VON A–Z

Die in der rechten Spalte aufgezählten Tellington-TTouches sind alphabetisch sortiert, damit Sie sie im Kapitel „Tellington-TTouches" schnell finden. Die Auflistung stellt also keine Wertung dar und ist auch nicht als Empfehlung der Reihenfolge der Anwendungen zu verstehen. Bei akuten Krankheiten sollten Sie unverzüglich den Tierarzt informieren, verdeutlicht wird dies mit diesem Symbol:

**NORMALWERTE DES PFERDES**

Herzschlag: Normal (in Ruhe) 28 bis 44 Schläge pro Minute.
Sollte sich innerhalb von zehn Minuten nach einer Anstrengung auf um die 70 Schläge beruhigt haben. Lange Erholungszeiten können ein Zeichen von Krankheit, Verletzungen oder mangelnder Kondition für die noch vor dem Pferd liegende Aufgabe sein.
Atmung: Normal (in Ruhe) 12 bis 20 Atemzüge pro Minute.
Temperatur: ca. 37,5 bis 38,5 Grad Celsius.

**CHECK**
**Austrocknung:** Haut am Hals kneifen. Bei einem gut hydrierten Pferd wird die Haut innerhalb von weniger als einer Sekunde wieder glatt. Bleibt die Falte länger als zwei, drei Sekunden sichtbar, ist das Pferd dehydriert (ausgetrocknet).
**Schleimhäute:** Farbe und Zustand des Zahnfleischs prüfen. Normalerweise ist es feucht und rosa, tieferes Rot und trockene Schleimhäute können ein Alarmsignal sein.
**Füllgeschwindigkeit der Kapillargefäße:** Kurz auf das Zahnfleisch drücken, bis es weiß wird, und Sekunden zählen, bis es wieder die vorherige Farbe angenommen hat. Normalerweise dauert das weniger als eine Sekunde.
**Darmgeräusche:** Machen Sie sich mit den vielfältigen Geräuschen vertraut, die am Rumpf und an den Flanken eines gesunden Pferdes zu hören sind. Spärliche oder gar keine Darmgeräusche signalisieren Erschöpfung.
**Urin:** Heller oder strohgelber Urin ist normal, dunkler Urin kann ein Zeichen für Überanstrengung sein.
**Mist:** Die Pferdeäpfel sollten feucht, aber wohlgerundet sein. Kleine, trockene Kügelchen weisen auf Dehydrierung hin.

## Erschöpfung / Erholung nach extremer Leistung

Siehe auch unter „Kolik", „Schock", „Kreuzverschlag". Anzeichen für Erschöpfung sind: Energieverlust, Weigerung zu trinken und zu fressen, erhöhte Werte für Puls, Atmung und Temperatur, Dehydrierung (Austrocknung), Krämpfe, Muskelzittern oder Kreuzverschlag. Zeigt das Pferd diese Symptome: Sofort den Tierarzt rufen!
**Bis der Tierarzt kommt:** 3 Minuten langsame Ohren-TTouches. 3 Mal auf jeder Seite Das Lecken der Kuhzunge vom Gurt bis zu den Flanken. Muschel-TTouches mit Aufgerollte-Python-TTouches innen und außen an den Hinterbeinen. Vorsichtiges Schweifziehen mit langsamem Nachlassen. Quallen-TTouches mit Liegender-Leopard-TTouches gegen den Uhrzeigersinn. 5 Minuten lang beruhigende Troika-TTouches. Zum Abschluss eine Reihe belebender Der Schlag der Bärenpranke.

Aufgerollte-Python-TTouch
Bauchheben
Das Lecken der Kuhzunge
Der Schlag der Bärenpranke
Ohren-TTouch
Schweif-TTouch
Waschbär-TTouch
Verbundene Kreise

## Kolik

| | |
|---|---|
| Siehe auch „Schock". Kolik ist ein Oberbegriff für Schmerzen im Bauchbereich. Mit der Überprüfung von Temperatur, Puls und Atmung (TPA) kann man Koliken oft im Frühstadium entdecken, wenn das Pferd nicht frisst und sich nicht wohlzufühlen scheint, sich aber noch nicht wälzt oder nach seinen Flanken umsieht. Vielfach sind die Darmgeräusche spärlich, sie können aber auch abnorm aktiv sein. Selbst kopfscheue Pferde lassen sich oft an den Ohren ttouchen, wenn sie Schmerzen haben. Sofort den Tierarzt rufen und berichten, wie es um Puls, Atmung, Temperatur und Farbe der Schleimhäute bestellt ist. Bauchheben jeweils 4 Sekunden heben, halten und absenken. | Bauchheben<br>Ohren-TTouch |

## Kreuzverschlag

| | |
|---|---|
| Kreuz- oder Nierenverschlag, auch Tying-up-Syndrom oder Montagskrankheit genannt, ist eine Erkrankung, die besonders bei stark beanspruchten Leistungspferden auftritt, aber auch von emotionalen Notlagen, mangelnder Kondition, kohlehydratreichem Futter oder einer Kombination dieser Faktoren verursacht werden kann. In der schwersten Form bleibt das Pferd plötzlich stocksteif stehen und kann sich nicht mehr bewegen. Sofort den Tierarzt rufen. Ohren-TTouch, wenn das Pferd schwitzt oder unter Schock steht.<br>Wechsel zwischen verbundenen Liegender-Leopard-TTouches und Muschel-TTouches, um verkrampfte Muskeln im Rücken, in der Nierengegend und der Hinterhand mit der Wärme der Hände zu lösen. Wenn die Muskeln weicher werden, langsame Tiger-TTouches der Druckstärke 5. | Ohren-TTouch<br>Liegender-Leopard-TTouch<br>Verbundene Kreise<br>Waschbär-TTouch in der Nierenregion |

## Magengeschwüre

Siehe auch „Kolik". Magengeschwüre galten früher hauptsächlich als eine Fohlenkrankheit, aber heute weiß man, dass auch Rennpferde und Turnierpferde darunter leiden. Zu den Risikofaktoren gehören ausschließliche Boxenhaltung, proteinhaltiges Futter, ungenügende Ballaststoffe, unregelmäßige Fütterung, anstrengende Arbeit, Verabreichung von entzündungshemmenden und schmerzlindernden Mitteln wie Phenylbutazon und Stress aufgrund häufig wechselnder Weidegefährten. Magengeschwüre lassen sich mit einem Endoskop diagnostizieren, mit dessen Hilfe der Tierarzt die Magenschleimhaut auf Zeichen von Erosion, dünnen Stellen oder Blutungen untersuchen kann.
Den Tiger zähmen, mit einem Lammfellhandschuh langsame (drei Sekunden) Muschel-TTouches der Druckstärke 1.
Bauchheben und Schweif-TTouches sind eine zusätzliche Hilfe für Pferde, die sich in der Flankengegend nicht gern berühren lassen.
Zum Vertrauensaufbau: Den Pferdekopf senken mit Ohren-TTouches und entspannende Liegender-Leopard-TTouches.

Bauchheben
Den Pferdekopf senken
Den Tiger zähmen
Liegender-Leopard-TTouch
Muschel-TTouch
Ohren-TTouch
Schweif-TTouch
Verbundene Kreise

## Neurologische Störungen

Wenn sich das Pferd anders verhält oder anders bewegt, kann dies ein Zeichen für eine neurologische Störung wie eine Herpesinfektion, Borreliose oder das Wobbler-Syndrom sein. Typische Symptome sind häufiges Stolpern, Lahmheit, Schwierigkeiten in Wendungen und Unkoordiniertheit.

Becken kippen
Beinkreise vorn und hinten
Das Lecken der Kuhzunge (Hals, Schultern, Bauch und Rumpf)
Den Pferdekopf senken
Hals biegen
Hufe abklopfen
Körperband
Liegender-Leopard-TTouch am Kopf
Ohren-TTouch
Oktopus-TTouch
Raupen-TTouch am Hals
Schweif-TTouch
Wolken-Leopard-TTouches (verbundene, vom Kopf bis zum Schweif und die Hinterbeine hinunter)
Zebra-TTouch

## Operation, Chirurgischer Eingriff

Jede Operation oder aufwändige medizinische Behandlung ist mit Stress für das Pferd verbunden. Vor dem Eingriff reduzieren Verbundene Kreise am ganzen Körper, Ohren-TTouches und das Senken des Pferdekopfes Stress. Nach der Aufwachphase verbessern Tarantel-TTouches am Hals, an den Schultern, am Rumpf und an den Hinterbeinen das Körpergefühl. Rhythmisches Ohrenausstreichen kann dem Pferd helfen, ohne Orientierungsschwierigkeiten wieder aus der Narkose zu erwachen. Viele Tierärzte berichten von positiven Erfahrungen mit Ohren-TTouches.

Bauchheben
Ohren-TTouch
Tarantel-TTouch
Verbundene Kreise

## Schlundverstopfung

Plötzliche, röchelnde Geräusche, das Pferd hält mit steifem Hals den Kopf vorgereckt und ringt keuchend nach Luft. Manchmal sprühen Futterteilchen aus den Nüstern.
Maßnahmen: Den Tierarzt rufen, das Pferd entspannen und die Speiseröhre aktivieren. Ohren ausstreichen, damit das Pferd den Kopf senkt und die Halsunterseite entspannt, was dazu beiträgt, Angst und Schmerz zu vermindern.
Am unteren Rand der Luft-/Speiseröhre Aufgerollte-Python-TTouches und Schaukelbewegungen bis hinunter zur Brust. Dadurch wird die Peristaltik angeregt und das Pferd zum Schlucken gebracht. Gurgelnde Geräusche kündigen an, wenn die Futtermasse in Bewegung gerät, dann aus einem flachen Eimer Wasser anbieten.
Vorbeugung: Pellets vor dem Füttern ausreichend lang in Wasser einweichen, damit sie aufquellen können.

Aufgerollte-Python-TTouch
Hals schaukeln
Ohren-TTouch

## Schock

Siehe „Kolik". Ein Pferd hat sich verletzt und verliert viel Blut, es hat sich etwas gebrochen, ist unterkühlt, hat einen Kolikanfall oder befindet sich in einer extremen Notsituation.
Vordringlich ist, keine Zeit zu verlieren und den Tierarzt zu rufen. Dies ist ein Notfall! In diesem Fall müssen Sie so viel wie möglich auf einmal tun!

Aufgerollte-Python-TTouch
Bauchheben
Muschel-TTouch
Ohren-TTouch
Oktopus-TTouch

## Tierarzt-Phobie

Beim Anblick des Tierarztes ist der Kopf hoch erhoben, und die Halsmuskeln sind so verhärtet, dass sich manchmal die Injektionsnadel verbiegt und nicht eindringen kann. Bei einer derartig angespannten Halsmuskulatur kann das Medikament, der Impfstoff oder das Vitaminpräparat oft nicht richtig absorbiert werden, sodass es zu beträchtlichen Schwellungen kommt. Sie müssen das Pferd dazu bringen, dass es mit dem Tierarzt kooperiert und ihm vertraut.

- Abstreichen mit der Gerte
- Beinkreis vorn und hinten
- Den Pferdekopf senken
- Den Tiger zähmen
- Haargleiten am Schopf
- Hals schaukeln
- Ohren-TTouch
- Raupen-TTouch
- Schwamm-TTouch
- Waschbär-TTouch
- Wolken-Leopard-TTouch

## Wundversorgung

Rufen Sie sofort den Tierarzt! Damit es in der Wartezeit nicht verrückt spielt oder kämpft, besteht Ihr erstes Ziel darin, das Pferd ruhig zu halten und gleichzeitig die Blutung zu stillen, einem Schockzustand vorzubeugen und die Verletzung möglichst näher untersuchen zu können.

- Den Tiger zähmen
- Ohren-TTouch

# EXEMPLARISCHE TTOUCH-BEHANDLUNGEN VON A–Z

**DEN PFERDEKÖRPER ERFORSCHEN MIT DER FLACHEN HAND**

Das Abtasten des ganzen Körpersmit der flachen Hand verrät, wie viel Vertrauen das Pferd generell hat. Diese Überprüfung ist hilfreich zum Kennenlernen eines Pferdes und vor der ersten TTouch-Behandlung. Diese Reihenfolge ist als Vorschlag zu verstehen, siehe auch Seite 16.

1. Abtasten des Körpers nach warmen und kalten Körperzonen
2. Erspüren von Schwellungen, Knoten, Vertiefungen
3. Erspüren von Veränderungen im Muskeltonus
4. Abtasten von Unterschieden in der Fellstruktur
5. Überprüfen, ob es Zonen mit Berührungsängsten gibt
6. Befunde in eine Körperzeichnung des Pferdes einzeichnen

## Ängstliches Pferd (Seite 37)

| 1. Den Pferdekörper erforschen mit flacher Hand | Seite 16 |
|---|---|
| 2. Abstreichen mit der Gerte: ruhige, langsame Striche in langen Linien von der Halsunterseite über die Vorderbeine bis hinunter zu den Hufen. | Seite 15 |

| | |
|---|---|
| 3. Den Pferdekopf senken: Die Körperhaltung beeinflusst den emotionalen Zustand und umgekehrt. Hilfreich kann es sein, einen Helfer zur Seite zu haben, der das Pferd mit der Gerte abstreicht und zum Kopfsenken veranlasst, während man selbst TTouches aufführen kann. | Seite 15 |
| 4. Lama-TTouch: Zur Kontaktaufnahme an Hals und Schulter | Seite 18 |
| 5. Wolken-Leopard-TTouches: An Hals und Schulter beginnen, dann Rumpf, Hinterhand und Beine miteinbeziehen | Seite 22 |
| 6. Ohren-TTouches | Seite 30 |
| 7. Maul-TTouches | Seite 29 |
| 8. Schweif-TTouches | Seite 31 |
| 9. Das Lecken der Kuhzunge | Seite 22 |
| 10. Aufgerollte-Python-TTouches an den Beinen | Seite 17 |
| 11. Noahs Marsch: Zum Abschluss der Behandlung | Seite 23 |

**TIPP:** Mithilfe der vertrauensbildenden TTouches können Sie dem Pferd ein neues Selbstbild vermitteln, das es ihm ermöglicht, seine Angst zu überwinden.

## Berührungsempfindliches Pferd (Seite 50)

| | |
|---|---|
| 1. Den Tiger zähmen | Seite 16 |
| 2. Den Pferdekörper erforschen mit flacher Hand: sehr sanft und mithilfe eines Lammfellhandschuh oder mit einer über die Hand gezogenen Wollsocke | Seite 16 |
| 3. Körperband anlegen | Seite 33 |
| 4. Muschel-TTouch in den empfindlichen Bereichen | Seite 19 |
| 5. Python-TTouch in den empfindlichen Bereichen | Seite 24 |
| 6. Verbundene TTouches | Seite 21 |

**TIPP:** Putzen ist eine Gelegenheit, eine positive Beziehung zu Ihrem Pferd zu entwickeln. Atmen Sie gleichmäßig und machen Sie die Bewegungen ganz langsam.

## Gurtempfindliches Pferd Seite 44, Seite 51

| | |
|---|---|
| 1. Den Pferdekopf senken: Lama-Leine oder Führkette seitlich in das Halfter einschnallen (nicht über der Nase) | Seite 15 |
| 2. Muschel-TTouch im ganzen Gurtbereich und am Rumpf | Seite 19 |
| 3. Aufgerollte-Python-TTouches am Rumpf | Seite 17 |
| 4. Bauchheben mit einem großen Tuch oder Sattelgurt | Seite 26 |
| 5. Das Lecken der Kuhzunge | Seite 22 |
| 6. Rippen lösen | Seite 30 |
| 7. Sattel auflegen von der rechten Seite, ohne ihn anzugurten. | |
| 8 Beinkreise vorn und hinten | Seite 27 |

**TIPP:** Überprüfen Sie, ob Sattel, Sattelunterlage und Sattelgurt dem Pferd passen.

## Hohe Kopfhaltung (Seite 44)

| | |
|---|---|
| 1. Rückenheben | Seite 30 |
| 2. Das Lecken der Kuhzunge | Seite 22 |
| 3. Beinkreise vorn: am Ende den Huf auf der Hufspitze abstellen | Seite 27 |
| 4. Schulter lösen | Seite 31 |
| 5. Schweif-TTouch: vor allem Schweif ziehen | Seite 31 |
| 6. Den Pferdekopf senken: Lama-Leine oder Führkette seitlich in das Halfter einschnallen (nicht über der Nase) | Seite 15 |

**TIPP:** Führen Sie das Pferd in einer Kopfhaltung unterhalb des Widerrists. Hilfreich kann auch die Arbeit mit Cavaletti oder das Fahren vom Boden sein.

## Klaustrophobisches Pferd (Seite 49)

| | |
|---|---|
| 1. Den Pferdekopf senken | Seite 15 |
| 2. Ohren-TTouches | Seite 30 |
| 3. Körperband anlegen | Seite 33 |
| 4. Wolken-Leopard-TTouch: an Gesicht und Hals | Seite 22 |

TIPP: Wenn das Pferd stocksteif z. B. am Eingang zum Stall stehen bleibt, fordern Sie es mit den vier Schritten der Führposition, die Dingo genannt wird, zum Vorwärtsgehen auf.
**Schritt 1:** Stellen Sie mit der Führleine eine Verbindung zum Pferd her.
**Schritt 2:** Streichen Sie ihm zur Verbesserung der Körperwahrnehmung mit der Gerte zwei, drei Mal sanft vom Widerrist bis zur Kruppe über den Rückenmuskel.
**Schritt 3:** Geben Sie ihm mit der Führleine das Signal zum Gehen.
**Schritt 4:** Tippen Sie es unmittelbar darauf in einer vorwärts wischenden Bewegung auf der Kruppe an, um die Vorwärtsbewegung zu aktivieren. Praktizieren Sie den Dingo zuerst auf dem Reitplatz, damit das Pferd die Signale von Führleine und Gerte kennenlernen kann.

## Klebendes Pferd (Seite 46)

| | |
|---|---|
| 1. Den Pferdekopf senken | Seite 15 |
| 2. Verbundene Kreise am ganzen Körper | Seite 21 |
| 3. Ohren-TTouch | Seite 30 |
| 4. Troika-TTouch | Seite 25 |
| 5. Maul-TTouches | Seite 29 |
| 6. Schweif-TTouches | Seite 31 |
| 7. Tarantel-TTouch | Seite 25 |
| 8. Das Lecken der Kuhzunge | Seite 22 |
| 9. Oktopus-TTouch | Seite 23 |

**TIPP:** Geben Sie Ihrem Pferd einen Grund dafür, gern mit Ihnen zusammen zu sein. Ihre Gesellschaft muss für das Pferd interessanter werden als die eines anderen Pferdes.

## Kopfscheues Pferd (Seite 47)

| | |
|---|---|
| 1. Den Pferdekopf senken: Lama-Leine oder Führkette seitlich in das Halfter einschnallen (nicht über der Nase) | Seite 15 |
| 2. Körperband oder Kopfbandage anlegen | Seite 33 |
| 3. Liegender-Leopard-TTouch am Körper zur Vertrauensbildung | Seite 18 |
| 4. Lama-TTouches am Kopf mit Ausnahme der Ohren | Seite 18 |
| 5. Liegender-Leopard-TTouch am Kopf, wo es akzeptiert wird | Seite 18 |
| 6. Haargleiten am Schopf mit Pferdekopf senken verbinden | Seite 28 |
| 7. Maul-TTouches | Seite 29 |
| 8. Lama-TTouch | Seite 18 |
| 9. Ohren nach hinten an den Körper streichen | Seite 30 |
| 10. Ohren-TTouch: Mit dem Ohr beginnen, das sich leichter berühren lässt. Ohne Unterbrechung von der Mitte des Genicks über den Ohransatz streichen. Manchen Pferden ist ein sanftes Ausstreichen lieber, andere mögen einen festeren Druck. | Seite 30 |

**TIPP:** Die Ohren jeden Tag ein paar Minuten lang ausstreichen. Visualisieren Sie den Erfolg!

## Koppendes Pferd (Seite 48)

| | |
|---|---|
| 1. Kopfbandage anlegen | Seite 33 |
| 2. Liegender-Leopard-TTouch an den Ohren, am Genick, an der Kehle und an den Kinnbacken | Seite 18 |

| | |
|---|---|
| 3. Ohren-TTouch | Seite 30 |
| 4. Aufgerollte-Python-TTouches am Kopf | Seite 17 |
| 5. Raupen-TTouch am Mähnenkamm | Seite 24 |
| 6. Rückenheben | Seite 30 |
| 7. Das Lecken der Kuhzunge | Seite 22 |

**TIPP:** Sie werden das Koppen vielleicht nicht völlig abstellen, aber mit TTouch-Behandlungen die Häufigkeit verringern können. Sorgen Sie dafür, dass das Pferd immer Raufutter zur Verfügung – auf Bodenhöhe ausgelegt – und so oft wie möglich Auslauf im Freien hat.

## Scheuendes Pferd (Seite 53)

| | |
|---|---|
| 1. Körperband und Kopfbandage anlegen | Seite 33 |
| 2. Ohren-TTouch | Seite 30 |
| 3. Troika-TTouch | Seite 25 |
| 4. Schweif-TTouch | Seite 31 |
| 5. Das Lecken der Kuhzunge | Seite 22 |
| 6. Abstreichen mit der Gerte: ruhige, langsame Striche in langen Linien von der Halsunterseite über die Vorderbeine bis hinunter zu den Hufen | Seite 15 |
| 7. Aufgerollte-Python-TTouches | Seite 17 |
| 8. Oktopus-TTouch | Seite 23 |
| 9. Beinkreise vorn und hinten | Seite 27 |
| 10. Hufe abklopfen | Seite 29 |

**TIPP:** Stellen Sie sich vor, was Ihr Pferd tun soll. Scheut das Pferd immer an einer bestimmten Stelle, imaginieren Sie in aller Deutlichkeit, wie Ihr Pferd ganz gelassen bleibt.

## Schiefer Schweif (Seite 54)

| | |
|---|---|
| 1. Schweif-TTouches: Perlenschnur, Schweif kreisen, Schweif ziehen und Schweifhaare ausstreichen | Seite 31 |
| 2. Den Pferdekopf senken | Seite 15 |
| 3. Hals lösen | Seite 28 |
| 4. Rippen lösen | Seite 30 |
| 5. Rückenheben | Seite 30 |
| 6. Verbundene Kreise | Seite 21 |

**TIPP:** Die Schweifhaltung bei einem Fohlen „umzuprogrammieren" ist erfolgversprechend. Aber es gibt auch mit ausgewachsenen Pferden viele Erfolge, die Sie zu einem Versuch ermutigen können.

## Störrisches Pferd (Seite 57)

| | |
|---|---|
| 1. Den Pferdekörper erforschen | Seite 16 |
| 2. Den Pferdekopf senken | Seite 15 |
| 3. Abstreichen mit der Gerte: ruhige, langsame Striche in langen Linien von der Halsunterseite über die Vorderbeine bis hinunter zu den Hufen | Seite 15 |
| 4. Maul-TTouches | Seite 29 |
| 5. Ohren-TTouch | Seite 30 |
| 6. Aufgerollte-Python-TTouches | Seite 17 |
| 7. Dingo-Führposition | Seite 72 |

**TIPP:** Seien Sie flexibel und suchen Sie nach neuen und ungefährlichen Lösungen, anstatt mit Ihrem Pferd zu kämpfen. Dies ist eine der Kernbotschaften der Tellington Methode, die auch für andere Bereiche Ihres Lebens Gültigkeit hat.

# SERVICE

## Quellen

Tellington-Jones, Linda und Lieberman, Bobby: **Tellington Training für Pferde**; KOSMOS 2018
Tellington-Jones, Linda und Taylor, Sybil: **TTouch for You!**; KOSMOS 2018
Zurr, Daniela: **TTEAM und TTouch in der tierärztlichen Praxis**; Sonntag Verlag 2005

## Bücher und Filme von Linda Tellington-Jones

Tellington-Jones, Linda und Lieberman, Bobby: **Tellington Training für Pferde**; KOSMOS 2018
In diesem großen Lehr- und Praxisbuch sind alle Methoden des Tellington Trainings übersichtlich und umfassend dargestellt. Linda Tellington-Jones bringt ihre jahrzehntelange Erfahrung ein, um eine harmonische Bindung zum Pferd zu schaffen. Auch als E-Book erhältlich.

Tellington-Jones, Linda und Pabel, Andrea: **Pferde ausbilden mit dem Tellington Training**, TTouch, Bodenarbeit, Reiten; KOSMOS 2012
Linda Tellington-Jones stellt in diesem Ratgeber pferdegerechte Trainingskonzepte für Jung- und Problempferde vor. Die einzelnen Ausbildungsschritte werden übersichtlich und mit vielen Bildfolgen dargestellt: Tellington-TTouches, praktische Lektionen und behutsames Anreiten.

Tellington-Jones, Linda und Taylor, Sybil: **Die Persönlichkeit Ihres Pferdes**; KOSMOS 2008
Die Kunst, Charakter und Temperament Ihres Pferdes anhand seines Körperbaus zu bestimmen und positiv zu beeinflussen.

Tellington-Jones, Linda und Bruns, Ursula: **Die Tellington Methode – So erzieht man sein Pferd**; Müller-Rüschlikon 2002
Ein gelassenes, jeder Situation gewachsene Pferd ist der Wunsch jedes Reiters. Die Tellington Methode ist der praktisch erprobte Weg dazu.

Tellington-Jones, Linda: **Basis-TTouches für Pferde**, Kurzanleitung & Anwendung; KOSMOS 2019
Die positiven Wirkungen der Tellington TTouches auf die Gesundheit, das Wohlbefinden und das Verhalten von Pferden sind weltweit erprobt und nachweisbar. Mit diesem übersichtlichen Ratgeber lernt jeder Reiter schnell, wie die 20 wichtigsten TTouches richtig angewendet werden. Zusätzlich enthält der Band Tipps für TTouch Anwendungen bei Mensch und Hund. Auch als E-Book erhältlich.

Tellington-Jones, Linda und Pabel, Andrea: **Pferde ausbilden mit dem Tellington Training**, TTouch, Bodenarbeit, Reiten, KOSMOS 2012
Linda Tellington-Jones' Pferdeausbildung beruht darauf, Jung- und Problempferde behutsam und artgerecht zu trainieren. Dieser Ratgeber erklärt die Grundausbildung, die eine sichere Vertrauensbasis zum Pferd herstellt.

Tellington-Jones, Linda und Didier, Rebecca M.: **Reiten mit Körper, Geist und Seele**; KOSMOS 2015
Linda Tellington-Jones erklärt, welche Tellington TTouches Pferd und Reiter mental und körperlich stärken und wie ein ganzheitliches Reittraining aussieht. Auch als E-Book erhältlich.

Linda Tellington-Jones: **Vertrauen stärken mit Tellington Training**; TTouch & Bodenarbeit, KOSMOS 2023
Linda Tellington-Jones zeigt, wie man mit sanften TTouch Berührungen Wohlbefinden und Vertrauen erzeugt. Das Führtraining und die Aufgaben im Lernparcours machen dich und dein Pferd zu einem starken Team. Auch als E-Book erhältlich.

Linda Tellington-Jones: **Tellington Training für Hunde mit DVD**; Das Praxisbuch zu TTouch und TTEAM, KOSMOS 2010

DVD: **Reiten nach der TTEAM-Methode**; KOSMOS 2007
Neue Wege für bewusstes Reiten mit und ohne Zaumzeug. 50 Minuten Spieldauer.

DVD: **TTEAM-Bodenarbeit**; KOSMOS 2007
Führ- und Hindernistraining an der Hand, Schritt für Schritt zum sicheren und selbstbewussten Pferd. 50 Minuten Spieldauer.

DVD: **Die Persönlichkeit Ihres Pferdes**; KOSMOS 2008
Die Kunst, Charakter und Temperament Ihres Pferdes zu bestimmen und positiv zu beeinflussen. 50 Minuten Spieldauer.

Tellington-Jones, Linda und Taylor, Sybil: **TTouch for You!**; Gesundheit und Wohlgefühl mit dem Tellington-TTouch, KOSMOS 2018
Die Erfolgsmethode, angewendet beim Menschen. Der Tellington TTouch mit seinen sanft kreisenden, hebenden und streichenden Berührungen als erfolgreicher und leichter Weg, sich selbst und anderen zu helfen. Auch als E-Book erhältlich.

Newsletter Tellington special: Das Tellington-Magazin mit aktuellen Themen für Mensch und Tier, Abo-Service: abo.ts@tteam.de

# Nützliche Adressen

## Tellington Training weltweit

**Deutschland**
www.tellington-methode.de
E-Mail:
vorstand@tellington-methode.de
Tel.: 0 30 - 375 818 70

**TTouch for You**
Karin Petra Freiling
www.ttouchforyou.de
E-Mail: info@ttouchforyou.de
Tel.: 0 42 44 - 96 56 69

**Österreich**
Martin Lasser
www.tellington.at
www.ttouchforyou.at
E-Mail: office@tellington.at
Tel.: 06 64 - 12 50 252

**Schweiz**
www.tellington-ttouch.ch
E-Mail: contact@tellington-ttouch.ch

**Italien**
www.tellingtonttouchtraining.it
E-Mail: tellingtonttouchtraining@gmail.com

**Niederlande und Belgien**
www.tteam-ttouch.nl
E-Mail: info@tteam-ttouch.nl

**Frankreich**
www.tellington-ttouch.fr

**Großbritannien**
www.ttouchtteam.co.uk
E-Mail: admin@ttouchtteam.co.uk

**Slowenien**
www.ttouch-slo.com

**Schweden**
E-Mail: jmpette@ibm.net

**Spanien**
E-Mail: bibi@tteam.de

**USA**
www.ttouch.com
E-Mail: info@ttouch.com

**Kanada**
www.tteam-ttouch.ca
E-Mail: ttouch@shaw.ca

**Südafrika**
www.ttouch.co.za
E-Mail: info@ttouch.co.za

**Australien**
www.ttouchaustralia.com.au
E-Mail: enquiries@ttouchaustralia.com.au

# Sanfte Heilmittel — für gesunde Pferde

Kräuter wirken bei vielen Krankheiten heilend oder lindernd. Sie unterstützen die Selbstheilungskräfte des Körpers und tragen zur schnelleren Genesung des Pferdes bei. In diesem übersichtlichen Ratgeber findet der Reiter konkrete Angaben, welches Heilkraut er für das jeweilige Symptom einsetzen kann und welche Anwendungsmethode am schnellsten zum Erfolg führt.

96 Seiten, ca. € (D) 15,–

---

Im akuten Krankheitsfall möchte der Pferdebesitzer rasch und effektiv handeln. Mit diesem Kompaktratgeber ist eine schnelle und sichere Diagnose, die Wahl des passenden homöopathischen Mittels und die richtige Verabreichung möglich. Übersichtliche Kapiteleinteilung nach Körperbereichen, Gliederung nach Symptomen und schnelle Informationsentnahme durch tabellarischen Aufbau.

96 Seiten, ca. € (D) 15,–

**kosmos.de**

## Bildnachweis

Mit 7 Farbzeichnungen von Atelier Bea Klenk/Kosmos und 3 Farbzeichnungen von Cornelia Koller (Seite 7, 8, 9).

## Impressum


Umschlaggestaltung von Atelier Bea Klenk unter Verwendung von einer Farbillustration von Atelier Bea Klenk/Kosmos.

Mit 10 Farbillustrationen





Unser gesamtes Programm finden Sie unter **kosmos.de.**
Über Neuigkeiten informieren Sie regelmäßig unsere Newsletter, einfach anmelden unter **kosmos.de/Newsletter**.

Gedruckt auf chlorfrei gebleichtem Papier




Pfizerstraße 5 – 7, 70184 Stuttgart



ISBN 978-3-440-17197-4
Redaktion: Gudrun Braun
Gestaltung und Satz: Atelier Krohmer, Dettingen/Erms
Produktion: Claudia Frank
Druck und Bindung: Print Consult GmbH, München
Printed in Slovakia / Imprimé en Slovaquie

FSC www.fsc.org MIX Papier | Fördert gute Waldnutzung FSC® C084279